¡VIVIR DEL $OL!

Por

Willinauta Consulting Services LLC
Tampa, Estados Unidos
Para información escribe a través de:
willinauta@gmail.com
WhatsApp +1 (407) 931 6379
@willinauta

Nota Importante: Esta es una obra de no ficción que se apoya en elementos de ficción para contar historias con metáforas; en este sentido, los nombres, personajes, lugares, aventuras e incidentes, son producto de la imaginación del autor. A veces se utilizan lugares y nombres públicos con fines de ambientación. Cualquier parecido con personas reales, vivas o muertas, o con negocios, empresas, eventos, instituciones o lugares es completamente coincidencia.

Vivir del Sol/ WILLINAUTA.
ISBN 9798865165026
SELLO: Independently Published

Agradecimientos

A la Estrella Sol, cuyos fotones iluminaron mi espacio para escribir este libro.

A Albert Einstein, por dar en el clavo con el efecto fotoeléctrico, haciéndole la cama a este libro.

A Eugene Parker, por su pasión en la investigación del Sol. La Sonda Parker es luz de este libro.

A Sócrates, ¡Sí! ¡Solo sé que no sé nada! Por eso las preguntas son protagonistas en este libro.

ÍNDICE

Capítulo 4

Capítulo 5

Capítulo 6

ANTES DE EMPEZAR EL VIAJE

¿Quiénes son los vendedores que más venden?

¿Los que tienen mayor o menor motivación?

Me hace sentir muy contento que estés aquí, y mi contentación (alegría y satisfacción) orbita en cuatro resultados de este libro.

Primero: Que estés aquí a punto de leer este libro no es casualidad, es el resultado de tu memoria implícita, o eso que llamamos "intuición", la que te ha dicho que algo bueno vendrá para ti.

Segundo: Si eres experto en ventas en la industria de la energía solar, este libro puede resultarte un complemento útil para reprogramar lo que ya sabes, y para aprender mejor lo que aún no sabes. Y si eres nuevo, ¡enhorabuena!, has llegado al espacio correcto para comenzar a *Vivir del $ol.*

Tercero: Conocer el Sol, indispensable para la existencia de vida en nuestro planeta, responsable del ciclo del agua, del clima y de la fotosíntesis, siempre presente con su inagotable energía que le da vida a la industria solar, tendrá como resultado para ti una confianza motivadora para salir a vender "cada fotón" proveniente del sol.

Cuarto: Mayor cantidad de ventas de energía solar tiene como resultado un planeta limpio, más libre de contaminantes. Un panel solar previene durante los 25 años de su vida útil la emisión de 100 toneladas de CO_2.

Este libro utiliza metáforas y se divide en dos partes.

En la primera vas a aprender sobre energía solar fotovoltaica —lo que *es* y lo que *hace*—, energías renovables, principios básicos de electricidad, y vas a conocer más a la estrella Sol. He procurado una lectura amigable y comprensible del tema que acompaño con secciones de curiosidades, historia, y "¿sabías que...?". Esta información te iluminará para sostener argumentos sólidos en tu estrategia comercial de ventas.

¡Porque un argumento sólido te abre la oportunidad!

En la segunda parte del libro vas a aprender sobre *Preguntas*. ¿Qué son las preguntas? Con esta información podrás obtener elementos constructivos para **romper el hielo a través de preguntas**, preguntas, preguntas, preguntas. La idea es preguntar para despertar la curiosidad del prospecto, crear empatía, conectar, hacer *rapport*. NO para demostrar que eres todo un "experto" en el tema. A tu prospecto no le interesa cuánto sabes, lo que le interesa es cuánto de lo que sabes le traerá beneficios a su vida.

Y es con *Preguntas* que veremos algunas de las *Objeciones Más Frecuentes* en ventas de energía solar, y cómo salirle al paso para ir conduciendo en dirección al *Cierre de Ventas*. En este libro no se habla de *Revertir Objeciones*. Revertir es volver algo a su estado o condición anterior, y no queremos volver al mismo punto, queremos abrirle el camino a la afirmación que hay en una objeción para que se convierta en una reflexión.

Es por lo que aquí aprenderás una fórmula para manejar las objeciones como una *solicitud de información* para obtener *la idea clara de la objeción*. Y ¿cómo la obtendremos? ¡Haciendo Preguntas! Preguntas poderosas que pasen al prospecto de la "afirmación a la reflexión" y que le abran la oportunidad al momento de contarle una experiencia positiva o beneficio.

¡Porque un vendedor no habla, un vendedor construye su oportunidad con preguntas!

Las dos partes del libro procuran darte luz y calor como fuente de energía para impulsar tus ventas. Sin embargo, como ves, está escrito en papel, no en piedra, por lo que eres libre de afirmar o cuestionar. Cuestionar implica investigar para confirmar: *¡ve por más!*

¡Entonces!

¿Quiénes son los vendedores que más venden?

¿Los que tienen mayor o menor motivación?

¡Mayor Motivación! Y los vendedores están más motivados cuando se sienten más capacitados, con habilidades y destrezas para obtener mejores **RESULTADOS.**

Este libro enseña, y cuando aprendes obtienes una confianza que motiva. Porque conocer *lo que es* para vender bien *lo que hace,* ¿será útil para vender más y mejor? Y, un vendedor que *hace preguntas* para vender, en lugar de *hablar* para caer bien, ¿será un vendedor efectivo? ¡Piénsalo!

EL ORIGEN

¡Debes Saberlo!

Es momento de contarte que yo estoy de paso, vengo de la Galaxia Heros, de un planeta similar a la Tierra llamado Contentum, todo en nuestro planeta es contentación. La estrella de nuestro sistema solar se llama Altair, que significa la "Estrella más brillante" porque brilla más que el Sol. Altair es un 83 % más grande que el sol, la temperatura en su superficie es de unos 7.100 °C, casi un 30 % mayor que la temperatura del Sol, y está situada relativamente cerca del planeta Tierra, porque estamos en la galaxia vecina.

El Sistema Solar de la Estrella Atair en la Galaxia Heros, es similar al Sistema Solar del Sol en la Galaxia la Vía Láctea. Altair cuenta con 8 planetas, cada planeta alberga un estilo de vida principal, sin embargo, solo el planeta tierra es inigualable en el universo, pues reúne en sus 12.742 kilómetros de diámetro todos estos estilos de vida, y más.

Los 8 planetas de Altair son:

Promissun, el planeta de las promesas - **Calidum**, el planeta de las objeciones - **Contentum**, el planeta de las emociones - **Afirmatum**, el planeta de las afirmaciones - **Talentum**, el planeta de los talentos - **Juicius**, el planeta de los juicios - **Dicitur**, el planeta de las declaraciones - **Virtus**, el planeta de las virtudes.

En el planeta Contentum nos saludamos diciendo con emoción: "Gaudeo" —Me alegro—, porque ver al otro vivo es motivo de alegría. Y la alegría es felicidad, y la felicidad no es otra cosa sino estar contento.

En Contentum somos soñadores sin dejar de ser realistas, conscientes de que la vida y el transitar por el universo trae algunas dificultades; sin embargo, nos enfocamos en encontrar el lado positivo de las cosas porque hasta la situación más difícil lo tiene.

En el planeta Contentum somos humanos como los habitantes de la Tierra, y tenemos nuestra propia Agencia Espacial, la GOSPO, Goddard Space Power, con programas espaciales, cohetes, sondas, satélites, y el cuerpo de Astronautas MC. El nombre de nuestra agencia está inspirado en el "Padre de la Cohetería" del planeta Tierra, el profesor Robert Goddard (1882 - 1945), ingeniero físico estadounidense, creador del primer cohete de propulsión moderno con combustible líquido, lanzado con éxito en marzo de 1926, y que alcanzó una altura de 2,6 km y una velocidad cercana a los 885 km/h.

La sede de la agencia espacial GOSPO está ubicada en la principal ciudad del planeta Contentum, una ciudad futurista de nombre *Astropolis*, lugar de un agradable clima templado que por su inigualable ubicación le brinda una cosmovisión espectacular a la base espacial de lanzamiento y aterrizaje de cohetes tripulados y no tripulados. A pocas millas de esta base se encuentra el *Centro Espacial Curiosity* con las oficinas para el cuerpo de astronautas MC, ingenieros, científicos, y el personal de desarrollo tecnológico. Este centro espacial cuenta con un extraordinario y muy cómodo aeropuerto que brinda acceso a transporte supersónico de ruido controlado, y un campus con áreas verdes disponibles para el entrenamiento y la recreación del personal de la agencia y sus mentes brillantes.

Salí del planeta Contentum a bordo del super potente Cohete DEXTINYTIME con destino a planeta Tierra. El *Dextiny Time* cuenta con una exclusiva función VDT *siglas para el modo Viajero Del Tiempo-* que le permite ir al pasado y hacia el futuro. Este cohete me fue asignado para la MISIÓN APORTE del programa espacial DOCERE de la GOSPO con la finalidad de hacer aportes como Astronauta de la Clase Motivum Coach -*Entrenador Motivacional*- con historias que enseñan, motivan, inspiran, y que perduran en el tiempo. En esta ocasión la misión va dirigida a los amigos(as) de la industria solar, específicamente a sus vendedores(as) los Consultores Solares, **porque quienes se sienten más capacitados, están más seguros y motivados para obtener mejores resultados.**

Al llegar a la Tierra me encontraré con él **/\GENTE44**, un buen amigo de varias aventuras. El Agente 44 es alguien como tú, inteligente y honesto, sin temor a preguntar e investigar, buscando hallar respuestas que le permitan estar centrado en lo lógico y racional. Es gracias a sus preguntas que en este libro aprenderemos sobre energía solar.

Los *Motivum Coach* del planeta Contentum no somos la Enciclopedia Británica ni Google, versión de carne y hueso. **Lo que sí somos es gente orientada a resultados adaptativos**, resolutivos, proactivos, investigativos, creativos, de mente inquieta, enfocados en la acción y en el buen uso del **tiempo**, con **carácter** para llegar al fondo de las cosas, y **determinación** en conseguir las respuestas para construir un mejor **dextino**. Sí, con equis, porque el destino es una incógnita que se va despejando con las decisiones que vamos tomando.

Comprende que no tienes por qué saberlo todo, eso es un absurdo; además, sería aburrido no tener algo que aprender. Lo que sí debes procurar aprender es lo necesario para serte útil a ti mismo, aprender habilidades para ayudarte a transitar mejor tu paso durante el tiempo que estés en el planeta Tierra, dando siempre lo mejor de ti hasta el final de tu viaje.

Para motivarte a preguntar, investigar y hallar respuestas para aprender y lograr habilidades, escribe esta frase y colócala en un lugar visible donde puedas leerla cada mañana al despertar:

"Hoy decido irme a dormir más inteligente que ayer"

Como resultado de esta frase, debes tomar acción cada día para aprender y practicar algo nuevo de eso que te apasiona y te inspira, dispuesto a desaprender y reaprender cuantas veces sea necesario con la finalidad de aumentar más tu probabilidad de ser exitoso. *¡No es posible estar contento si tienes dudas!*

Ponte cómodo(a), el viaje inicia...

¡Yo soy **WILLINAUTA** 9, 8, 7, 6, 5, 4, 3, 2, 1... ¡CERO!

Conocer *lo que es* para vender bien *lo que hace,*
¿será útil para vender más y mejor?

PRIMERA PARTE

"Saber mucho no es lo mismo que ser inteligente. La inteligencia no es solo información, sino también juicio para manejarla"

Carl Sagan – Astrónomo

Esta potente frase eficaz nos indica que de muy poco sirve tener muchos conocimientos y no saber cómo aplicarlos.
La inteligencia está en saber comunicar y aplicar aquello que hemos aprendido con los estudios o de las experiencias.

CAPITULO 1

¿CONOCES EL SOL?

Hecho de fuego y ardiendo en todo momento, con poderes de una fuerza sobrenatural, admirado y venerado por casi todas las civilizaciones antiguas como eje fundamental de la vida humana, y asociado a dioses de la creación, la fortaleza, la energía y la renovación. **Así era el Sol para la humanidad en tiempos remotos.**

En la mitología griega y romana, **Apolo el Dios del Sol,** fue posiblemente el más amado de todos los dioses. Apolo era identificado con la luz de la verdad y considerado tan brillante y poderoso como el mismo Sol. Tenía facultades de profeta, podía predecir el futuro, curar enfermedades, y representaba el orden y la armonía de la naturaleza, la música, el tiro con arco, las artes y la poesía. A medida que pasó el tiempo Apolo también fue conocido como Helios; sin embargo, en la mitología nombres diferentes pueden aludir al mismo ser divino o bien pueden ser conscientemente igualados como en el caso de Apolo y Helios.

La palabra "sol" tiene origen en el latín para "estrella luminosa". *Solis* (Sol) se asocia con una raíz indoeuropea que dio origen a: helio, afelio, heliocentrismo y heliografía a través del griego antiguo (helios = sol).

Sol Invictus también era como los romanos llamaban a la estrella luminosa que les ofrecía la luz del día. En Suramérica el imperio Inca se refería al Sol como "Inti" y lo consideraba Rey absoluto y creador de todo con principal influencia en la naturaleza y en las plantas, ya que con su energía alimentaba sus tierras. Por su parte, en Egipto el Sol se llamaba "Ra", y también consideraban al Rey Sol como el creador del mundo.

—¡Interesante!.. Y dime, Willinauta, ¿Apolo, dios del Sol, llegó a la Luna?—.

—Sí, Agente 44. Y como todo un Sol lleno de energía llegó a la luna el 20 de julio de 1969.

Todo empezó en 1960 cuando la NASA decidió llamar APOLO al nuevo programa espacial como continuación de las Misiones Mercury. **La Misión Apolo tendría como objetivo poner al primer hombre en la Luna.** Y *Apolo* fue el nombre que decidió la NASA para tan importante tarea, en honor a este dios mitológico.

El 16 de Julio de 1969, el cohete Saturno V de la Misión Apolo despegaba camino a la Luna con tres astronautas. Cuatro días después, el 20 de julio, el Módulo Lunar *Eagle* (águila) aterrizaba en la Luna con Neil Armstrong y Edwin "Buzz" Aldrin, mientras que Michael Collins orbitaba la Luna en el Módulo de Comando—.

—¿Cuántos humanos han ido a la Luna?—.

—El último viaje de la NASA a la Luna fue en enero de 1972, y hasta esa fecha solo 12 astronautas han pisado la Luna—.

—¿Volverá el humano a la Luna con la hermana de Apolo?—.

—¡Sí! **Más de 50 años después del último viaje, los humanos se plantean volver a la Luna,** y esta vez con más tecnologías, novedades y nuevas intenciones. En esta ocasión el programa de la NASA, en conjunto con otras agencias espaciales y también de empresas privadas comerciales de vuelos espaciales, se encargará de poner humanos en la Luna, con un programa espacial que se llama Misión Artemis (Artemisa). En la mitología griega Artemisa es la diosa de la Luna y la caza. Su mayor virtud era ser "eternamente virgen", y su nombre se relaciona con lo perfecto, lo impoluto y lo exacto. Esta bella doncella era hermana gemela de Apolo, el dios del Sol—.

—¿Y cuál es el objetivo de la Misión Artemis a la Luna?—.

—Para esta misión se ha construido el superpotente cohete Space Lunch System (SLS), que llevará una cápsula de nombre Orión, con **cuatro astronautas a bordo, entre ellos la primera mujer y el primer afroamericano que llegarán a la Luna.** El programa Artemis tiene el objetivo de dar el paso inicial de la NASA para establecer una presencia sostenible en la Luna y su órbita, para sentar bases a empresas privadas y afianzar una futura economía lunar. Y desde esta base lunar enviar humanos a Marte en la próxima década de los 30. ¡Despegar desde la Luna a Marte hará el viaje mucho más corto!—.

—Willinauta, y el Sol, ¿cuándo vamos hacia el Sol?—.

—La NASA, lo sabemos, ¡siempre va por más!... El 12 de agosto del 2018 envió al espacio la sonda Parker Solar Probe que se espera llegue cerca del Sol para finales de 2025. Aunque Parker no es la primera sonda que es lanzada al espacio con la misión de investigar el Sol, sí es la primera que estará más cerca, logrando atravesar el límite de la atmósfera del Sol. Esta sonda buscará acercarse hasta cerca de los 9,86 radios solares, es decir, unos 6,2 millones de kilómetros de la fotósfera del sol. Se estima que para 2025 Parker viajará a una velocidad de 430.000 mph (690.000 km/h), en su aproximación más cercana al Sol.

—¿Qué es una sonda espacial?—.

—Una sonda es un instrumento de navegación sin tripulación que se envía al espacio para estudiar los diferentes cuerpos del Sistema Solar—.

—¿Cuál es el objetivo de enviar la sonda Parker al Sol?—.

—**Su objetivo es investigar la estructura y la dinámica del campo magnético del Sol**, averiguar la razón del calentamiento de la corona solar, informar sobre tormentas solares, determinar qué mecanismos aceleran y transportan partículas energéticas. Más adelante dedicaremos un espacio para describir este apasionante viaje de Parker con destino al sol—.

—Willinauta, ¿qué pasaría si la Tierra estuviera un 10 % más cerca o más lejos del Sol?—.

—Verás, Agente 44, en principio, si estuviera más cerca, la atmósfera de la Tierra estaría formada como la de Venus por los gases de efecto invernadero (dióxido de carbono). Y bueno, al estar más cerca del sol, el calor aumentaría la temperatura de la superficie de la Tierra, por lo que sería demasiado alta para brindar la oportunidad de vivir. Y, si estuviera 10 % más lejos del sol, no habría cubierta que pudiera dar el calor necesario ante el inclemente frío que azotaría al planeta. Para que tengas una idea: la temperatura en Marte, el otro vecino rocoso, llega a descender hasta los -200 °F (-129°C). Con tal clima, las formas de vida existentes en la Tierra no podrían existir.

El planeta Tierra, con 12.742 m de diámetro, es el tercer planeta rocoso del sistema solar, y se encuentra ubicado en el punto exacto de distancia con el sol para que este no signifique una amenaza para la vida—.

—Willinauta, ¿qué es el Sol?—.

—Bueno, Agente 44, el Sol es la estrella en el centro del sistema solar, cuya fuerza gravitacional mantiene en órbita a los planetas. **El Sol es una estrella que consume su propia energía y brilla debido a las fusiones de gases como el hidrógeno y el helio.**

Gracias al estudio que han llevado a cabo durante siglos los grandes astrónomos del planeta Tierra — dos de los más sobresalientes fueron Nicolás Copérnico (Polonia, 1473 - 1543) y Galileo Galilei (Italia, 1564 – 1642)—, se pudo demostrar que "EL SOL NO ES FUEGO". El Sol es una de las más de dos mil millones de estrellas de nuestra galaxia, la Vía Láctea, que se observan por la noche, de diferentes tamaños, luminosidad y densidades. El Sol es la estrella más cercana al planeta Tierra—

—¡¿Cómo?! ¿El Sol no es una inmensa bola de fuego que produce su propio combustible?—.

—¡NO! **El Sol no está hecho de fuego ni produce combustible**, Agente 44. ¡El sol es pura energía! Es una gigantesca esfera de plasma que libera gran cantidad de energía por fusión nuclear debido a la mezcla de átomos de hidrógeno que producen helio.

Imaginemos que construimos una gigantesca nave espacial con forma y funciones de un termómetro. Abordamos esa nave y nos vamos de viaje hasta el núcleo —centro— del Sol; observaremos que la temperatura interior alcanza los 15.000.000 °C, y en lo que vayamos ascendiendo notaremos que, en su exterior, en la superficie, la temperatura es de apenas unos 5.500 °C. ¡Sí! Como ves, el sol es extremadamente más caliente por dentro que por fuera—.

—¿Y cómo es posible tan extrema diferencia de temperatura?—.

—Esta es una pregunta que en este siglo y por ahora aún no tiene una respuesta "precisa", más allá de algunas especializadas teorías—.

—¿Qué más veremos en nuestro viaje en la "nave termómetro" dentro del sol?—.

—Agente 44, en nuestro viaje dentro del Sol encontraremos átomos de hidrógeno por todas partes. Átomos del mismo "material" del que está hecho gran parte de todo el universo. Nos daremos cuenta de que la misma energía circundante del Sol despeja a los átomos de todo, haciendo que pierdan sus electrones, y sobreviviendo solo núcleos de átomos desnudos. ¡Todo un fenómeno!—.

—¿Cómo se da este fenómeno?—.

—Este fenómeno se da por el peso y la presión que la estrella Sol ejerce sobre su propio centro, haciendo que sus núcleos de átomos estén apretadísimos —comprimidos—, **sin espacio para moverse, "como el metro de Nueva York en una hora pico"**, por lo que se ven obligados a unirse unos con otros, y en consecuencia forman núcleos de helio que se van alejando de la caldera infernal en que nacieron, y van combinándose con electrones libres que fueron quitados a los núcleos de hidrógeno, formándose así átomos nuevos y más pesados. La energía es tal, que este proceso no para de darse: siempre es "hora pico" dentro del sol. Todos están allí, apretujados, esperando una oportunidad para salir—.

—¿A qué se debe esta reacción?—.

—Ya te lo explico, Agente 44. Esta reacción de fusión nuclear es posible gracias a la extraordinaria gravedad del Sol que atrae todo a su núcleo y lo comprime, como si fuera un imán supergigantesco. La energía sobrante que libera el Sol por falta de espacio para su núcleo por la fusión nuclear de millones de átomos cada segundo y que sale a la superficie, viaja por el espacio en fotones, una forma de átomos de luz y calor que llegan a todos los planetas del Sistema Solar con mayor o menor intensidad de acuerdo con su distancia del Sol—.

—Willinauta, ¿sabes?, he investigado que **esta energía que proviene del Sol en fotones podría darle electricidad a todo el mundo.** De hecho, el Sol constantemente irradia energía equivalente a unos 173.000 terawatts (un terawatt es un billón de vatios) mientras que el consumo del mundo entero es de tan solo 2,71 terawatts—.

—Así es, Agente 44, el sol produce 63 mil veces más energía de la que consume el mundo entero. Se estima que solo 18 días de radiación solar sobre la tierra contiene la misma cantidad de energía que la acumulada por todas las reservas mundiales de carbón, petróleo y gas natural—.

Este fenómeno se da por el peso y la presión que la estrella Sol ejerce sobre su propio centro, haciendo que sus núcleos de átomos estén apretadísimos —comprimidos—, sin espacio para moverse, "como el metro de Nueva York en una hora pico"

Ahora, Agente44, te presento 12 curiosidades del Sol

1.- La estrella Sol tiene 4.650 millones de años, y energía "combustible" aproximadamente para unos 7.500 millones de años más. Al "apagarse" podría tardar uno 1.000 millones de años en enfriarse.

2.- **El diámetro del Sol es de 1.4 millones de kilómetros.** Y aunque es unas 100 veces el de la tierra, la estrella Sol es mucho más pequeña si se le compara con la estrella más grande del universo que se llama UY Scuti. Su diámetro es 1.700 veces mayor que el del Sol, y en su descomunal volumen cabrían 5.000 millones de soles.

3.- Alrededor de 1.3 millones de planetas Tierra pueden caber dentro del Sol. ¡Qué pequeños somos!

4.- El Sol está hecho de 92 % hidrógeno, 7.8 % helio y 0.2 % de elementos más pesados como el oxígeno, carbono, nitrógeno y neón. Y es que **el sol pesa 300 mil veces más que la Tierra.**

5.- La energía del sol se irradia en forma de luz y calor, sustenta a casi todas las formas de vida en la tierra a través de la fotosíntesis, y determina el clima de la Tierra y la meteorología. **Por cada segundo de luz del Sol se libera la misma energía que liberarían un millón de bombas atómicas.**

6.- La temperatura del Sol en su interior puede sobrepasar los 15.000.000 °C. Y la temperatura en su exterior alcanza los 5.500°C.

7.- El Sol se mueve a 210 km/s dentro de la Vía Láctea y tarda 225 millones de años en completar una vuelta alrededor del centro de la galaxia. Mientras que la Tierra tarda 365 días en completar una vuelta alrededor del Sol. ¡Cosas del tiempo!... y de la velocidad proporcional.

8.- La distancia entre la Tierra y el Sol es de una unidad astronómica, el equivalente a 150.000.000 de kilómetros, es decir, unas 100 veces el diámetro del Sol, y casi la misma distancia que resultaría de darle la vuelta al mundo unas 4.000 veces. Para que tengas una idea, el cohete espacial Saturno V de la NASA medía 110,6 m. Si colocáramos en forma horizontal un cohete tras otro en línea recta para llegar al Sol, como un gran "puente de cohetes", necesitaríamos 1 billón 350 mil cohetes.

9.- La luz del Sol viaja a 300.000 km/s, (la velocidad de la luz). A esta velocidad, al rayo de luz y calor en forma de fotón que sale del sol le toma 8 minutos y 19 segundos llegar a la Tierra.

10.-La vitamina D es también conocida como la vitamina del sol. Para aprovechar esta vitamina como fuente de calcio es recomendable tomar un baño de sol antes de las 10 a.m. o después de las 4 p.m. por unos 20 minutos. Las zonas del cuerpo que mejor absorben la vitamina D son la cara, los brazos y las piernas.

11. El Sol no es amarillo, es blanco. Nuestra atmósfera dispersa el color de la luz solar en longitudes de onda más cortas a más grandes, y cuando la luz blanca del sol viaja a través de estas longitudes durante el día, dispersa los colores violeta y azul dejando a la luz solar de amarillenta para rojo.

12. El Sol es una estrella "enana" y esto no tiene que ver con su tamaño: es enana porque se encuentra en la fase principal de su evolución. La estrella Sol es de tipo-G de la secuencia principal y clase de luminosidad V que se encuentra en el centro de nuestro Sistema Solar, constituyendo nuestra mayor fuente de radiación electromagnética.

CAPITULO 2

PRINCIPIOS BÁSICOS DE ELECTRICIDAD

—Willinauta, ¿qué es la energía eléctrica?—.

—Es una forma de energía que se deriva de la existencia en la materia de cargas eléctricas positivas (+) y negativas (-), que se neutralizan para originar la electricidad, y se genera por el movimiento de una pequeña partícula llamada electrón que forma parte del átomo—.

—**¿Es el mismo principio para producir corriente eléctrica de un panel solar?**—.

—¡Sí!... Más adelante te mostraré el proceso por el cual los paneles solares fotovoltaicos producen electricidad de corriente directa a partir de la energía solar, por medio de cargas eléctricas positivas y cargas eléctricas negativas que se neutralizan cuando pasan por una unión PN, es decir, una fusión de "Peras con Naranjas", para producir un flujo de electrones que deriva en electricidad. Algo similar a como se fusionan los átomos de hidrógeno y helio en el Sol para liberar fotones—.

—¿Qué es la corriente eléctrica?—.

—Esta, Agente 44, es el flujo de electrones "Las Naranjas y Peras en fusión" que circulan a través de un material conductor, un cable, en una cantidad determinada de tiempo. En otras palabras, la corriente eléctrica es el flujo de carga eléctrica que recorre un material en un cierto tiempo—.

Tipos de Corriente Eléctrica

—Ahora bien, Agente 44, hay dos tipos de corriente eléctrica: la Corriente Directa, también conocida como corriente continua, y la Corriente Alterna—.

—Willinauta, ¿qué es la Corriente Directa?—.

—Agente 44, es el flujo continuo de carga eléctrica a través de un conductor entre dos puntos de distinto potencial y **carga eléctrica que no cambia de dirección o sentido con el tiempo,** como en una calle donde los autos van siempre en un solo sentido—.

—Comprendo, y ¿qué es la Corriente Alterna?—.

Es el flujo continuo de una **carga eléctrica que sí cambia su dirección a través de un conductor** y que cambia el sentido del movimiento de manera periódica, como en una calle de dos vías donde los autos van y vienen continuamente. Sin hacer tráfico, todo el tiempo fluctúan entre ellos—.

—Y, ¿cómo empezó todo esto de las corrientes?—.

—Pues, Agente 44, todo empezó cuando científicos a finales del siglo 18 y principios del 19 iniciaron la búsqueda de generar un flujo de electrones de manera artificial al darse cuenta de que un campo magnético era capaz de provocar un flujo de electrones a través de un cable metálico u otro material que fungiese como conductor. Notaron que esto se daba en un solo sentido, pues los electrones son repelidos por un polo del campo magnético y atraídos por el otro, y fue así como surgió el concepto de "circuito cerrado", lo que desembocó en el nacimiento de las primeras baterías y generadores de electricidad en corriente directa dentro de un circuito cerrado. Es a partir de este concepto que **Thomas Edison, en el siglo 19, quiso ir por más con la corriente directa**—.

Y es que es Edison quien llevaría a gran escala su proyecto de corriente directa para abastecer de energía a grandes empresas, así como iluminar algunas ciudades y urbes, al menos algunas de sus partes, debido a la limitante de la corriente directa en términos de alcance y distancia sin evitar perder potencia.

—**¿Quién fue Thomas Edison?**—.

—Tomas Alva Edison (EE.UU. 1847 – 1931) fue un inventor, científico y empresario estadounidense que desarrolló muchos inventos y dispositivos en diversas áreas, como en la generación de energía eléctrica en Corriente Directa, la comunicación masiva, la grabación de sonido con el fonógrafo, las películas con la cámara de cine, y **su más preciado invento, la bombilla eléctrica.** Este último, todo un revolucionario invento que cambiaría la forma de "ver la vida" o, mejor dicho, de "ver en la vida" por su maravillosa incandescencia—.

—Willinauta, ¿qué podemos decir de Edison?—.

—De Edison podemos decir que:

- En 1877, Thomas Edison sugirió el uso de la palabra "Hola" como saludo telefónico.

- De media creaba un invento cada 15 días. Para ser exactos, patentó 1093 inventos.

- Electrocutó a Topsy, un elefante de circo, para probar que la Corriente Alterna impulsada por otro inventor, Nikola Tesla, era peligrosa.

- Según su propia hija, Marion Estelle Edison, Thomas Edison propuso matrimonio a su esposa utilizando el código morse.

- Edison tenía tatuado el famoso patrón de los 5 puntos en su antebrazo. De hecho, la máquina tatuadora que se utiliza hoy por hoy para tatuar es una evolución de una pluma que inventó Edison en 1876—.

—Willinauta, Edison sin duda fue un gran inventor—.

—Tienes razón, Agente 44, y es que con muchos de sus inventos hizo grandes aportes al mundo moderno que conocemos hoy, y lo mejor es que **por aquellos días también el mundo tenía en su haber otro gran genio** haciendo de las suyas con sus inventos. Este fue el principal responsable de que en el planeta Tierra se utilice la corriente alterna como fuente principal de energía. Tan bueno resultó su invento, que en nuestro planeta Contentum copiamos este principio de producción de energía eléctrica y es el que utilizamos en la actualidad—.

—¿De quién me estás hablando?—.

—A finales del siglo 19, otro importante científico dedicó gran parte de su tiempo al desarrollo de la electricidad en forma de corriente alterna. **Te hablo de Nikola Tesla**, quien trabajó duro, casi sin descanso, con el firme propósito de lograr el objetivo de conseguir transportar mayores cantidades de energía eléctrica a mayor distancia sin perder potencia. Algo que, como te dije, para la corriente directa es muy limitado.

Tesla, en lugar de aplicar magnetismo de forma uniforme y constante, utilizó un campo magnético rotatorio, como transitar por un par de rotondas seguidas para zigzaguear, haciendo un ocho, con salidas y entradas. Así, cuando cambia la posición de los polos también cambia el sentido de flujo de electrones, la "calle en doble sentido y circulación", y así se produce la corriente alterna, yendo y viniendo.

El cambio de sentido en el flujo de electrones se conoce como *frecuencia* y se mide en hertz, unidad que es igual a ciclos por segundo (esto quiere decir que en una corriente alterna de 60 hertz se producen 60 ciclos por segundo, como pasar 60 autos por segundo). En un ciclo los electrones "los autos" cambian el sentido y vuelven al sentido original, como cambiarse de canal cuando conduces y al segundo regresas al canal por el que venías conduciendo inicialmente, en un tráfico con 59 autos más, dándose dos cambios de sentido por ciclo en una corriente alterna de 60 hertz, es decir un segundo en un canal de la calle, y un segundo en el otro, como haciendo un zigzag en la vía, entrando a un canal y saliendo para otro, "alternando el tránsito" en los canales, por lo que en el flujo de electrones "los autos" cambian el sentido 120 veces por segundo. Esto es la corriente alterna—.

—¿**Quién fue Nikola Tesla?**—.

—Nikola Tesla *(*Croacia 1856 – EE.UU. 1943*)* fue un inventor, ingeniero eléctrico y mecánico nacionalizado estadounidense. Célebre por sus grandes aportes con inventos que en la actualidad siguen revolucionando el mundo. Sin embargo, **la más importante de sus contribuciones obedece al diseño del moderno suministro de electricidad de corriente alterna**—.

—Willinauta, ¿qué podemos decir de Tesla?—.

—De Tesla podemos decir que:

- Nació durante una tormenta eléctrica. Su madre dio a luz alrededor de la medianoche durante una tormenta feroz.

- Tenía memoria fotográfica. Podía memorizar los libros y las imágenes para sus invenciones sin registrarlas de manera material.

- Tesla era de hábitos de higiene excéntricos y en muchos casos excesivos. Le tenía pánico a los gérmenes.

- Era coqueto, respetuoso y galán. Llevaba guantes blancos para la cena de cada noche, y cuando lo fotografiaban se tomaba un buen rato para conseguir exhibir su "mejor perfil".

- Aunque mucho se ha hablado de la guerra de las corrientes, y ciertamente la hubo, Tesla no consideraba enemigo a Edison, incluso aunque este no honró una apuesta que había hecho con Tesla, argumentando que estaba bromeando al momento de la presunta apuesta. En una ocasión, un tiempo después, Edison asistió a una conferencia en la que Tesla participaba, y procuró no llamar la atención. Tesla, al verlo, lo señaló e invitó al público a ponerse de pie para ovacionarlo.

—¡Qué datos tan interesantes! Ahora dime, ¿cuál es la diferencia entre la corriente directa y la corriente alterna?—.

—Como te he venido comentando, mi estimado agente, la corriente alterna nos permite conectar —enchufar— un dispositivo a un tomacorriente sin importar dónde esté el polo positivo y el negativo del enchufe y la toma. En tanto que, en la corriente directa las conexiones tienen que colocarse siempre en orden del polo positivo y el negativo en una posición concreta para poder producir energía eléctrica.

Otra gran diferencia entre la corriente alterna y la corriente directa es la cantidad de energía que se puede transportar en cada tipo; la electricidad no puede viajar muy lejos antes de que empiece a perder potencia o, lo que es lo mismo, voltaje.

En el caso de la corriente directa cada batería está diseñada para producir un nivel de voltaje según la necesidad del dispositivo para la que se ha diseñado, así que desde el momento de la producción de la electricidad ya está predeterminada la distancia a la que se puede transportar/cargar. Por su parte, la corriente alterna puede producir corriente en un generador y utilizar un transformador para subir o bajar la potencia o tensión de salida para varios tipos de uso acordes a cada dispositivo, por ejemplo, televisor, secadora, refrigerador, calentador, etc. Esto permite el transporte de corriente a una distancia mucho mayor.

En una ocasión, un tiempo después, Edison asistió a una conferencia en la que Tesla participaba, y procuró no llamar la atención. Tesla, al verlo, lo señaló e invitó al público a ponerse de pie para ovacionarlo.

La corriente también se puede transformar de corriente alterna a corriente directa y viceversa a través de un adaptador o inversor de corriente, similar a los que utilizamos en los cargadores de celular, laptops, baterías, etc. El cargador se conecta a la red doméstica del inmueble que utiliza corriente alterna y es transformada en corriente directa antes de llegar al dispositivo que se quiere cargar de energía—.

Agente 44, ahora vamos a conocer algunos conceptos clave en electricidad

¡Importante!... Qué es el voltaje, qué es un watt o vatio, que es un kilowatt, qué es un inversor de corriente. Esta información brindará una base de conocimientos para el Consultor

Solar, que le será útil a la hora de revisar una factura eléctrica y proponer un sistema de energía solar a un cliente.

—Willinauta, ¿qué es el voltaje?—.

—El voltaje eléctrico, mejor conocido como tensión eléctrica, es una magnitud que mide la diferencia de potencial eléctrico de dos puntos. Se podría decir que el voltaje es la energía necesaria para mover un electrón del punto A al punto B. El vatio mide la potencia eléctrica, y el voltio mide la diferencia de potencial eléctrico (voltaje). ¿Y esto qué es? Bueno, que los voltios son la "distancia" que le queda a la corriente para llegar al final del circuito desde cualquier punto—.

—¿Qué es un watt o vatio?—.

—Primero debes saber que watt y vatio es lo mismo. Un Watt (W) es una medida de flujo eléctrico en una unidad de potencia. Al hablar de potencia estamos hablando de la energía que se produce o se consume en Joules/tiempo (impulsos). Un Watt, de hecho, equivale a 1 Joule/segundo—.

—**¿Qué es un kilowatt?**—.

—Un kilowatt o kilovatio es una unidad de medida para cuantificar la potencia eléctrica que soporta la instalación de una vivienda por la cantidad de electrodomésticos que pueden utilizar al mismo tiempo—.

—¿A qué cantidad de potencia equivale un kilowatt?—.

—La equivalencia de kilowatt a watt es la siguiente. Un watt equivale a 1 segundo (un impulso), por lo que un kilowatt es igual a 1.000 watts (1.000 impulsos).

Cuantificar los kilowatts que necesitan los electrodomésticos para funcionar al mismo tiempo, y tener en cuenta el tamaño de la vivienda y la cantidad de personas que residen en ella, va a ayudar al Consultor Solar para obtener una idea muy cercana sobre el consumo real de kilowatts en el inmueble, y así poder hacer los cálculos de un sistema de energía solar—.

—Willinauta, ¿qué es un inversor de corriente?—.

—Agente 44, es un dispositivo que cambia o transforma una tensión de entrada de corriente directa a una tensión simétrica de salida de corriente alterna o viceversa como en los cargadores de celulares, laptops y otros dispositivos. Para un sistema de energía solar el inversor solar de corriente es el encargado de convertir la energía del sol generada por los paneles solares en sus celdas fotovoltaicas como corriente directa en corriente alterna, que es la energía utilizada por la red eléctrica del inmueble—.

Agente 44, ¿sabías que..?

¡Existe una banda eléctrica! En 1973 los hermanos escoceses Malcolm Young y Angus Young fundaban en Australia la mítica banda de Hard Rock, AC/DC. Los hermanos Young eligieron para su banda el nombre AC/DC, y aunque no pocos hemos creído hasta no hace mucho que estas siglas se relacionaban a los tiempos con relación a Cristo, realmente el nombre para la banda es alusivo a la Corriente Alterna y la Corriente Directa, porque los hermanos Young buscaban un nombre que simbolizara el sonido enérgico de la banda y el poder de sus actuaciones. AC/DC ha vendido más de 200 millones de discos. Y también sonaron durísimo en el planeta Contentum, de hecho, los fans siempre salían muy contentos y eufóricos de sus conciertos, con ganas de más Rock and Roll".

CAPITULO 3

PLANETA TIERRA, UN MUNDO DE ENERGÍAS RENOVABLES

—Willinauta, ¿qué es la energía?—.

—La energía se define como **la capacidad de realizar un trabajo,** obrar, surgir, transformar o ponerse en movimiento, es decir, hacer cualquier cosa que implique un cambio, una variación de temperatura, una transmisión de ondas, etc.

Desde el inicio de la humanidad, en el planeta Tierra los humanos han ido descubriendo fuentes de energía como el fuego o los animales domesticados. Con la llegada de la revolución industrial entre los años 1760 y 1840 se desarrollaron fuentes de energía a gran escala, siendo protagonistas el carbón, el gas y, más adelante, el petróleo, conocidos como combustibles fósiles que no son renovables, y que el planeta tarda millones de años en volver a producir. Los combustibles fósiles son los causantes de cerca del 90 % de las emisiones de dióxido de carbono en la Tierra que generan grandes cantidades de desechos dañinos y contaminación para el medio ambiente cuya consecuencia es el cambio climático—.

—Willinauta, ¿qué son las energías limpias?—.

—Estas, amigo mío, consisten en unos **sistemas de producción de energía que excluyen cualquier tipo de contaminación,** principalmente por emisión de gases de efecto invernadero, como el CO_2. Como sabes, las emisiones excesivas de este gas incoloro, inodoro y compuesto por oxígeno y carbono son una de las principales causas de la contaminación ambiental—.

—¿Qué son las energías renovables?—.

—Las energías renovables son aquellas que se obtienen a partir de una fuente que no se acaba, y que mayormente no necesita de la intervención humana para producirse. Estas energías renovables son fuentes energéticas basadas en la utilización del sol, el viento, el agua o la biomasa vegetal o animal. Y se caracterizan por no utilizar combustibles fósiles—.

—Entonces, ¿las energías limpias y renovables son lo mismo?—.

—Básicamente sí, con un pequeño detalle diferenciador. La energía limpia es aquella que durante su producción no contamina, o contamina menos en comparación con otras, es decir, que procura cero emisiones de contaminantes; sin embargo, no siempre lo logra al 100 %. Y la energía renovable es aquella que se obtiene a partir de una fuente que no se acaba, que perdura en el tiempo. **La energía solar es un claro ejemplo de energía limpia y renovable.** Renovable porque no se acaba, y limpia porque durante el proceso de producción de electricidad no contamina—.

—Willinauta, creo que **el cambio hacia la energía limpia y renovable debe ser imperativo**—.

—Estoy de acuerdo contigo, Agente 44. Las energías renovables no solo son más limpias, sino también más baratas y fáciles de producir que cualquier combustible fósil. **Producir energía renovable significa la transición hacia el aprovechamiento de formas de energía más limpias y en beneficio de todo el planeta Tierra, utilizando viento, agua, abono, luz y calor.** Elementos presentes en el medioambiente y la naturaleza de la Tierra de manera abundante para generar electricidad, y que se caracterizan por no utilizar combustibles fósiles como sucede con las energías tradicionales, sino que utilizan, en el caso del viento y el agua, energía cinética; en el abono, materia orgánica; y en la luz y el calor, radiación electromagnética del sol, recursos que son capaces de renovarse por sí mismos ilimitadamente—.

—¿Y qué es la energía cinética? Tengo entendido que la utilizan el viento y el agua—.

—¡**La energía cinética es movimiento**!.. Es la que está asociada a los cuerpos en movimiento, es decir, representa el trabajo y esfuerzo necesario que permite que un objeto pase del estado de reposo al de movimiento a una velocidad específica. Por ejemplo, cuando corremos, nuestro cuerpo pasa de un estado pausado a un movimiento acelerado, por lo que produce energía cinética—.

—¿Y la energía eólica? Es la del viento, ¿cierto?—.

—Eso es cierto. **La energía eólica es la que se obtiene de la energía cinética que aprovecha el impulso del viento** para mover las palas o aspas como ocurre en un molino de viento. Igual es el caso de un aerogenerador, algo así como un gran ventilador, el cual, al girar por causa del viento, pone en funcionamiento una turbina que convierte este movimiento en energía eléctrica—.

—¿Cómo se obtiene la energía hídrica?—.

—Te lo explicaré, querido amigo. **La energía hídrica, también conocida como energía del agua, se obtiene a partir del aprovechamiento de la energía cinética y potencial de las corrientes** en las mareas, los saltos de agua, o con agua intencionalmente represada para aprovechar la fuerza del agua en movimiento para producir electricidad—

—¿Cómo se obtiene la energía biomasa, la del abono?—

—La energía biomasa o del abono, conocida también como bioenergía de fertilizante natural, **es obtenida de la materia orgánica constitutiva de los seres vivos, sus excretas y sus restos no vivos.** La biomasa también ha estado en uso desde tiempos ancestrales, cuando los humanos comenzaron a quemar madera para cocinar y mantener el calor. Y la madera sigue siendo el mayor recurso energético de biomasa en la actualidad en el planeta Tierra—.

—¿Cómo se obtiene la energía solar, la de luz y calor?—.

—Agente 44, **la energía solar es la obtenida a partir del aprovechamiento de la radiación electromagnética proce-**

dente del Sol que llega a la tierra en fotones de luz y calor. La luz se utiliza para producir electricidad, la fotovoltaica, y el calor para producir agua caliente y calefacción, la termosolar—.

Agente 44, ¿sabías que..?

¡**Un planeta sostenible es posible!** La energía eólica y solar son las energías renovables de más rápido crecimiento a nivel mundial. En los últimos años la participación de estas energías para producir electricidad se duplicó, aupado por el acuerdo firmado por la ONU en París 2015 dentro del marco de *La Agenda para el Desarrollo Sostenible*, específicamente en el punto número 7 de la agenda: *Energía asequible y no contaminante* que procura cumplir una meta inicial de un planeta más sostenible en 2030. Y otra meta más ambiciosa al 2050. ¡Para el beneficio de todos!

LA ENERGÍA SOLAR

—Agente 44, con la energía solar el planeta Tierra puede tener un flujo de energía sostenible, y que le asegura a muy bajo costo mantener el ritmo de vida de sus habitantes, sin causar daños irreparables al medio ambiente. **La energía solar sí funciona.** Su crecimiento así lo demuestra: cada vez más hogares ven luz con el sol. Y es que la energía solar puede iluminar ciudades enteras, aeropuertos, industrias, autopistas, calles, avenidas, áreas remotas, y más mucho más. La energía solar alimenta de electricidad a miles de satélites en el espacio, para mantener informada y comunicada a la humanidad—.

—Willinauta, ¿qué es la energía solar?—.

—La energía solar es la radiación proveniente del sol y que llega a la tierra a través del espacio por medio de Fotones en partículas de luz y calor—.

—¿Fotones? **¿Qué es un fotón?**—.

—Agente 44, a la partícula que compone la luz y calor proveniente del sol se le llama fotón, no tiene masa y su peso es de

0. Lo que explica por qué nada puede superar su velocidad, la velocidad de la luz.

Estas partículas son una forma portadora de radiación electromagnética que **viajan desde el espacio a los planetas del sistema solar con radiación ultravioleta** que proporciona la vitamina D; radiación infrarroja que brinda calor y radiación visible que ilumina con su luz. Esta radiación electromagnética conocida como energía solar es la responsable de la vida en la Tierra. El Sol para La Tierra, como Altair para Contentum, con su luz y calor, son la vida para nuestros planetas—.

Y es que la energía solar puede iluminar ciudades enteras, aeropuertos, industrias, autopistas, calles, avenidas, áreas remotas, y más mucho más. La energía solar alimenta de electricidad a miles de satélites en el espacio, para mantener informada y comunicada a la humanidad.

—Willinauta, es muy interesante lo que esos fotones pueden lograr en beneficio de la Tierra… A propósito, **¿cómo viaja un fotón a la tierra?**—.

—A través del espacio como si fueran "mininaves" que funcionan como transporte de carga de energía compuesto por luz y calor, trayendo la energía del Sol hasta la Tierra. Y es así como los habitantes de este planeta pueden aprovechar la energía solar. Ten presente esto, Agente 44: **el Sol le da a la Tierra en una hora la energía que el mundo consume en un año.** La energía del Sol es abundante, renovable, limpia, no contamina y, es gratis. Es por todo esto que se debe aprovechar la energía solar al máximo—.

Agente 44, ¿sabías que..?

¡Una larga espera, para un corto viaje! Un fotón tarda alrededor de 1 millón de años en salir del núcleo (centro) del sol hasta su superficie.

Una vez que inicia la primera etapa de su viaje desde el núcleo, el fotón se cruza en ese camino con cualquier cantidad de electrones, esto es, "mucho tráfico", y cuando se encuentra muy cerca con ellos, el fotón pareciera que se "espanta" y sufre una dispersión que lo hace desviarse aleatoriamente en cualquier dirección posible.

Considerando la cantidad de electrones libres que hay en el Sol, un fotón puede desviarse millones de veces dentro de "la terminal" (el núcleo), y tomarle un millón de años antes de que pueda embarcase para llegar a su objetivo que es la superficie del Sol. Una vez en la superficie, el fotón inicia la otra etapa de su viaje, el viaje interplanetario camino a la Tierra. A este recorrido final del fotón le tomará 8 minutos y 19 segundos para llegar a la superficie de la Tierra y entregarle su potente energía.

—Willinauta, y ¿cuándo llega la energía solar a la Tierra?—.

—Bueno, Agente 44, ya sabes cómo viaja la energía del Sol a la Tierra. Ahora te voy a explicar cómo llega. Es muy sencillo, la respuesta está en dos movimientos astronómicos conocidos como el movimiento de rotación y el movimiento de traslación del planeta Tierra con respecto al sol. Seguramente escuchaste hablar de estos movimientos en la escuela; sin embargo, es conveniente hacer un repaso para recordarlos.

El Movimiento de Rotación

Se da cuando la tierra realiza un movimiento giratorio similar al de un trompo. Sí, tal como los trompos de madera que se utilizan para jugar en la infancia y que giran sobre sí mismos alrededor de un eje de rotación. Así también la Tierra tiene un eje imaginario que la atraviesa de extremo a extremo, desde el Polo Norte hasta el Polo Sur, y alrededor del cual gira a una gran velocidad de 0.5 km/s. Y es gracias a este movimiento que existe el día y la noche, pues cuando la Tierra gira muestra a un lado hacia el Sol mientras el otro permanece en la oscuridad. La Tierra tarda en dar cada giro aproximadamente 24 horas, periodo de tiempo que los humanos del planeta han determinado como duración de un día.

Movimiento de Traslación

Consiste en un movimiento elíptico alrededor del Sol. Este movimiento tarda en completarse aproximadamente 365 días con 6 horas, lo que equivale a 1 año solar del planeta Tierra. **Durante este recorrido de traslación de la Tierra se producen el perihelio y el afelio**, momentos en que la Tierra se acerca y se aleja del Sol. El movimiento de traslación es responsable de las cuatro estaciones del año, verano, invierno, otoño, y primavera. Estas estaciones climáticas son posibles porque la Tierra se encuentra inclinada aproximadamente

23.5° y es gracias a esta inclinación que la luz y el calor se distribuyen de manera distinta sobre el planeta—.

—Gracias por recordármelo, Willinauta. Ahora, por favor, explícame **qué es el perihelio.**

—Es el punto de la órbita en la traslación en que la Tierra está aproximadamente 2.500 millones de kilómetros más *cerca* del Sol. El perihelio se da en enero, y aunque estamos más *cerca* del sol, la temperatura del planeta es más *baja*—.

—¡¿En serio?! **¡La Tierra es más fría cuando está más cerca del Sol?** ¡No parece congruente!—.

—Verás, Agente 44, cuando la Tierra está más *cerca* del Sol y es más *fría*, está siendo congruente con su velocidad de traslación que *aumenta* por una mayor atracción gravitacional, es decir, que el núcleo del sol como un imán superpoderoso atrae aún más a la Tierra a su centro, lo que nos conduce a estar más cerca del sol. Y como esta atracción aumenta, la velocidad de traslación es mayor, y nos hace pasar más *rápido* frente al sol, por lo que oscurece más temprano.

Como puedes comprender, durante el perihelio recibimos menos radiación solar, ya que permanecemos menos tiempo de cara al sol y es la razón por la que tenemos el invierno—.

—¡Ahora le encuentro sentido! **¿Y qué es el afelio?**—.

—Es el punto de la órbita en la traslación en que la Tierra está aproximadamente 2.600 millones de kilómetros más *lejos* del

Sol. El afelio se da en julio, y aunque estamos más *lejos* del sol, la temperatura de la Tierra es más *alta*—.

—**¿La Tierra es más caliente cuando está más lejos del Sol?** ¡Eso parece incongruente!—.

—Cuando la Tierra está más *lejos* del Sol y es más *caliente*, está siendo incongruente con el fenómeno de "más lejos del calor menos caliente". Y es que la velocidad de traslación disminuye por una menor atracción gravitacional al estar más *lejos* del sol. Es decir, nos alejamos del superpoderoso imán. Y como esta atracción disminuye, la velocidad de traslación es menor, y nos hace pasar más *lento* frente al sol, por lo que oscurece más tarde.

Como puedes ver, durante el afelio recibimos más radiación solar, ya que permanecemos más tiempo de cara al sol y es la razón por la que tenemos el verano—

—Entiendo. Y dime, **¿qué es la radiación solar?**—.

—La radiación solar es la energía que transfiere el sol al planeta Tierra, y que se conoce como *energía solar*, y se da cuando no existe ningún material interponiéndose entre la fuente emisora de luz y calor, el Sol, y el objeto que la recibe—.

—¿Cómo es la atmósfera de la Tierra en relación con la radiación solar?—.

—La atmósfera de la Tierra es casi transparente a la radiación solar; sin embargo, otros cuerpos situados en su superficie sí la absorben. El 51 % de radiación es absorbida por la superficie terrestre, el 19 % es absorbida directamente por los componentes atmosféricos y las nubes, mientras que el 30 % es reflejada por la superficie y los gases y partículas de la atmósfera y de vuelta al espacio exterior—.

—¿Cómo está compuesta la radiación solar?—.

—Qué bueno que preguntas eso, Agente 44. En general la radiación solar está compuesta de 50 % luz infrarroja, 40 % luz visible, y 10 % luz ultravioleta. Te explico...

50 % radiación infrarroja es CALOR. Está conformada por rayos invisibles que llegan a ofrecer el calor que hace que el planeta Tierra se mantenga caliente.

40 % radiación visible es LUZ. Logra ser detectada por el ojo humano. Gracias a esta se puede ver; también las plantas logran obtener la energía necesaria para producir alimentos a través del proceso de fotosíntesis.

10 % radiación ultravioleta es la VITAMINA D. No puede ser observada por el ser humano, aunque el cuerpo sí la siente. Esta radiación ultravioleta es portadora de la Vitamina D; sin embargo, la prolongada exposición puede causar un gran daño a la salud desde graves quemaduras hasta cáncer.

Estas radiaciones electromagnéticas parten del infrarrojo hasta el ultravioleta. La radiación no llega en su totalidad a la superficie de la Tierra, ya que las ondas ultravioletas más cortas son absorbidas por los gases de la atmósfera terrestre que filtra más del 70 % de toda la radiación ultravioleta solar, razón fundamental de que haya vida en nuestro planeta, principalmente por la capa de ozono—.

—Willinauta, ¿en qué forma recibe la Tierra la radiación solar?—.

—La Radiación Solar le llega al planeta de 3 formas: directa, difusa y reflejada.

La radiación directa es aquella que alcanza la superficie de la Tierra directamente desde el sol, sin experimentar cambios de trayectoria, es decir, toca con el objeto absorbente en línea recta. Esta es "la frecuencia, la frecuencia, la frecuencia, la frecuencia", que se refiere al tiempo de radiación directa sobre un objeto, tiempo en que ese objeto obtiene el mayor potencial de la energía solar, conocido como HSP (Hora Solar Pico).

La radiación difusa es la que se obtiene cuando parte de la radiación sufre cambios al chocar con partículas, densidad atmosférica, entre otros.

La radiación reflejada es aquella que se obtiene desde el suelo, agua, edificaciones con vidrios, u otras superficies próximas. Esta radiación suma energía para el objeto de captación solar—.

—¿cómo captamos la energía solar?—.

—Para capturar y almacenar la energía solar se utilizan captadores de radiación solar. Esta captación se clasifica en captación activa y captación pasiva.

La captación pasiva se obtiene cuando no hay intervención de algún elemento externo para la captura de la energía solar. Por ejemplo, cuando una casa tiene paredes de vidrio permite capturar la luz del sol dejándola pasar al inmueble; una vez adentro, al estar encerrada, se transforma en calor.

La captación activa se obtiene a través de equipamiento y tecnología especial para aprovechar al máximo el rendimiento de la energía solar, y puede ser por medio del **colector solar o calentador solar,** y el **módulo fotovoltaico o panel solar—.**

—¿Cómo se puede obtener mayor eficiencia en la captación solar?—.

—Buena pregunta, Agente 44. En el caso de la energía solar fotovoltaica se consigue mayor eficiencia tomando muy en cuenta en el lugar de la instalación del Sistema de Energía Solar (SES), la orientación e inclinación con respecto a la radiación directa del sol para aprovechar al máximo la frecuencia.

Debes tener en cuenta que en una instalación el mejor lugar y posición de los paneles solares variará en cada caso de acuerdo con la incidencia del sol, considerando la hora del día ("la frecuencia"). En el siguiente gráfico puedes ver los cuatro ángulos a considerar al momento de ubicar el panel solar: inclinación, cenit, incidencia y azimut—.

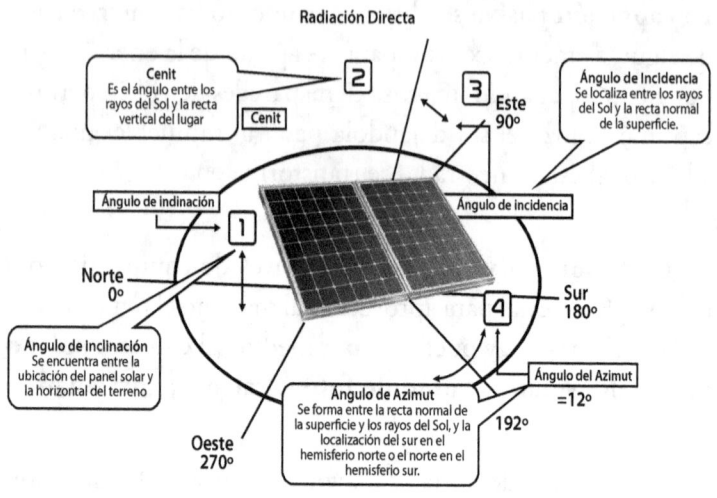

—¿Hay varios tipos de captador solar?—.

—¡Sí! Hay dos fuentes materiales principales para captar la energía solar con fines diferentes. Tenemos el **colector solar** para obtener energía solar térmica y *producir calor*, y la otra fuente es el **panel solar** para obtener energía solar fotovoltaica y *producir electricidad y luz*—.

—¿Qué es la energía solar térmica?—.

—**La energía solar térmica es la que se obtiene por medio de la concentración de alta temperatura de la energía solar,** aprovechando el calor de la radiación para los servicios de agua caliente, calefacción por tubería, y otros usos. Este proceso de captar y convertir la radiación en calor se da a través de colectores solares y equipos que conducen el agua por tuberías especiales distribuidas en la edificación—.

—Willinauta, ¿Qué es la energía solar fotovoltaica?—.

—La energía solar fotovoltaica consiste en la captación de la radiación solar con la finalidad de transformarla en energía eléctrica **a través de paneles solares y sus células fotovoltaicas**—.

Agente 44, te presento 12 datos curiosos del Sol como fuente de energía solar

1.- Según algunos expertos, **el interés por la energía solar nació en Grecia.** Los griegos fueron los primeros en utilizar ingeniosos diseños de casas para aprovechar la luz del Sol, probablemente desde el año 400 a.C.

2.- Los romanos fueron los primeros en instalar vidrios en sus ventanas para **atrapar el calor de la luz solar en sus hogares** (captación pasiva). Incluso promulgaron leyes que penaban bloquear el acceso a la luz a los vecinos. También se sabe que los romanos fueron los primeros en utilizar la energía geotérmica para calentar sus casas con aire caliente moviéndose bajo los pisos y las paredes interiores.

3.- La primera referencia bélica que se pueden encontrar con el uso de energía solar viene del siglo III a.C en una batalla que enfrentó a griegos y romanos. Los griegos utilizaron espejos hexagonales hechos de bronce para **reflejar los rayos solares** (captación activa) concentrándolos en la flota romana con el objetivo de destruirla.

4.- Los griegos y los romanos comenzaron a usar "espejos ardientes" para encender antorchas en el siglo III a. C.

5.- Historiadores sugieren que en el siglo VII a.c la humanidad comenzó a encender fuego enfocando la luz del Sol a través de instrumentos que eran unas formas de lupa.

6.- En 1839, el francés Edmond Becquerel, de 19 años, descubrió el efecto fotovoltaico. Edmond fue **el primero en crear un prototipo de célula solar** en el laboratorio de su padre. Era un dispositivo primitivo que estaba provisto de electrodos de platino recubiertos de cloruro de plata, que era capaz de generar voltaje y corriente eléctrica cuando se exponía a la luz del Sol.

7.- El científico suizo Horace De Saussare, desarrolló en 1867 el primer prototipo de calentador solar.

8.- Las primeras **celdas fotovoltaicas hechas de selenio** fueron desarrolladas en 1880. Sin embargo, no sería hasta 1883 cuando el inventor neoyorquino Charles Fritts (1850 - 1903) conseguiría materializar el efecto fotovoltaico al cubrir el selenio con una fina capa de oro y esta célula solar en funcionamiento lograba una eficiencia de conversión del 1 % al 2 % con este artilugio que, a otra escala, se convirtió en el origen de las actuales placas solares.

9.- En 1891, el inventor Clarence Kemp de EEUU inventó y patentó el **calentador solar de agua** caliente que dio origen del agua caliente sanitaria ACS.

10.- En 1953 empezaba la carrera de las placas fotovoltaicas como proveedoras de energía. Gerald Pearson, de Bell Laboratories, mientras experimentaba con las aplicaciones en la electrónica del silicio, **fabricó casi accidentalmente una célula fotovoltaica** basada en este material que resultó mucho más eficiente que cualquiera hecha de selenio. Sus compañeros de laboratorio, los también científicos Daryl Chaplin y Calvin Fuller, perfeccionaron este invento y produjeron **células solares de silicio** capaces de proporcionar suficiente energía eléctrica como para que pudiesen obtener aplicaciones prácticas de ellas.

11.- En 1958 un pequeño satélite fue alimentado con **una celda solar fotovoltaica** de menos de un watt de potencia. Se llamaba Vanguard I, era del tamaño de un melón, pesaba cerca de 1 kg y fue el **primer satélite alimentado por energía solar** gracias a su celda fotovoltaica. Dejó de transmitir en 1964, y hoy sigue siendo el satélite artificial más antiguo en el espacio, y seguirá en órbita unos 240 años más.

12.- En 1990, con la guerra del Golfo, se aumentó el interés en la energía solar como una **alternativa viable del petróleo.** Veinte años más tarde, en 2010, la energía solar por medio de paneles con celdas fotovoltaicas para hacer la conversión y producir electricidad proveniente del Sol ya comenzada su auge para todos, siendo más accesible al uso residencial.

—Y… ¿qué es un satélite?—.

—**Un satélite es un objeto que órbita alrededor de un planeta.** Hay satélites naturales o lunas en el sistema solar, y hay satélites artificiales creados por el ser humano y **su fuente principal de energía es el Sol, la cual obtienen por medio de paneles solares con celdas fotovoltaicas.** Las funciones de los satélites son de telecomunicaciones, la observación del planeta y su clima, la navegación y posicionamiento (GPS), y el estudio del espacio y el planeta por parte de la ciencia.

Déjame decirte, además, que un panel solar fotovoltaico en la actualidad tiene una eficiencia entre el 15 % y el 22 %. Sin embargo, los paneles solares que se utilizan en naves espaciales y satélites alcanzan una espectacular eficiencia del 46 %. Es posible que en un futuro esta tecnología llegue a los hogares con paneles de ese nivel de eficiencia, aunque para entonces, probablemente los paneles utilizados para el espacio aumenten su eficiencia actual.

En el espacio hay unos 11.000 satélites, pequeños, medianos y grandes, de los cuales mucho más de un tercio no están activos, aunque siguen en órbita.

SpaceX está desarrollando progresivamente lo que ellos llaman la "Megaconstelación de Satélites" en la órbita baja, en la que aspiran colocar más de 40.000 pequeños satélites del tamaño de un vaso, en su proyecto de emisión de señal de Internet satelital. Esta agencia espacial también se propone capturar la energía del Sol y luego enviarla a la Tierra para producir electricidad —*¡Los fotones harán transbordo!*— El plan de Space X es utilizar sus satélites convencionales Starlink para proporcionar energía solar como fuente de electricidad a la tierra. ¡Elon Musk y sus cosas!—.

CAPITULO 5

ENERGÍA SOLAR FOTOVOLTAICA: LA MAGIA

—Willinauta, ¿cómo se da la energía solar fotovoltaica?—.

—Mi estimado agente, antes de hablar de la energía solar fotovoltaica, primero debemos conocer dónde comienza la magia, y es con el efecto fotoeléctrico—.

—¿El efecto fotoeléctrico? ¿De qué se trata?—.

—Para comprender **qué es el efecto fotoeléctrico** es importante que conozcamos un poco su historia.

Fue en 1887 que Heinrich Rudolf Hertz descubrió el efecto fotoeléctrico al observar que el arco de energía que salta entre dos electrones conectados a alta tensión alcanza distancias mayores cuando se ilumina con luz ultravioleta que cuando se deja en la oscuridad. Hertz observo un fenómeno muy curioso, y es que cuando se trabaja con alta tensión, el aire alrededor del metal que forma los materiales conductores se ioniza, es decir, que se vuelve en cierto sentido *conductor de energía*, generando "un arco" de electricidad de extremo a extremo. Posiblemente has escuchado de casos de personas que se han electrocutado sin tocar un cable, solo basta con aproximarse y "el arco" se hace sentir—.

—Willinauta, sí he visto en los medios noticias como esas. Desafortunadamente sucede—.

—Así es, Agente 44. En resumen, lo que observó Hertz es que, si tenemos dos materiales, puede tratarse de placas o electrodos, que reciben electricidad en alta tensión, hay una distancia concreta a partir de la cual sale un rayo del uno al otro y se conectan a través del aire **formando el arco de electricidad,** y que si esos mismos materiales —placas o electrodos— eran iluminados con luz ultravioleta, la distancia a la que saltaba el arco eléctrico podría ser mayor, en otras palabras, se ampliaba el *loop*. Entonces algo estaba ocurriendo entre la luz y los materiales que volvía al aire aún más conductor. **Este es el contexto en el que surgió la idea del efecto fotoeléctrico**—.

—He escuchado que el gran genio del siglo XX, el científico Albert Einstein, tiene mucho que ver con el efecto fotoeléctrico. ¿Es eso cierto, Willinauta?—.

—¡Efectivamente tiene todo que ver! Y es que **la explicación teórica y precisa del efecto fotoeléctrico fue hecha por Albert Einstein** en 1905 cuando publicó el artículo "Un punto de vista heurístico sobre la producción y transformación de la luz", basando su formulación de la fotoelectricidad en una extensión del trabajo del año 1900 sobre los "quantum" de Max Planck. (Quantum, del latín para "cuantos" que significa cantidad).

Es aquí donde el gran genio de la física, el científico alemán y **Premio Nobel Albert Einstein** pasa a ser protagonista de esta mágica historia. Einstein revolucionó la física moderna con su famosa teoría de la relatividad, con la ecuación $E=mc^2$: la energía (E) es igual a la masa (m) multiplicada por el cuadrado de la velocidad de la luz (c^2). Sin embargo, el premio Nobel que ganó Einstein no fue ni por esa ecuación, ni por la relatividad. Fue por lograr la demostración de un efecto muchísimo menos conocido: el efecto fotoeléctrico, **y con Einstein se hizo ¡la magia!**

Einstein, un ser humano de mente muy inquieta, enfocado en la acción, más hábil que muchos científicos, era conocido por hacerse preguntas. Determinado a hallar las respuestas, se hizo una genial pregunta:

¿Intensidad o Frecuencia?

Basado en la formulación de los quantums —más tarde conocidos como fotones— en paquetes de energía, que Planck había hecho, Einstein llegó a la conclusión de que si queremos que los electrones salgan con más energía **no hay que aumentar la** *intensidad* **sino** *la frecuencia* **de la fuente de luz,** radiación directa en el caso del panel solar.

El premio Nobel que ganó Einstein no fue ni por esa ecuación, ni por la relatividad. Fue por lograr la demostración de un efecto muchísimo menos conocido: el efecto fotoeléctrico, y con Einstein se hizo ¡la magia!

Einstein dio en el clavo con la explicación del efecto fotoeléctrico. Descubrió que "el aumento de la energía cinética que representa el esfuerzo que permite que un objeto pase del estado de reposo al de movimiento a una velocidad específica afectaba a los fotoelectrones de forma proporcional al aumento de la frecuencia de la luz y no de la intensidad". Y ¡bingo! Por este sencillo salto conceptual y a la vez iluminador de la explicación del efecto fotoeléctrico es que Einstein recibiría en 1921 el Premio Nobel de Física. Dieciséis años después de escribir aquel artículo de 1905.

—Willinauta, ¡es la frecuencia! **¡Es la frecuencia de la luz y NO su intensidad la que pone en movimiento los electrones!**—.

—¡Exacto! Y es que, según las investigaciones de Einstein, la energía con que los electrones escapaban del cátodo iluminado aumentaba linealmente con la frecuencia de la luz incidente, siendo independiente de la intensidad de iluminación, resolviendo así una gran incógnita de la Física con la ley del efecto fotoeléctrico, que años más tarde llegó a la industria de la energía solar para quedarse. Así que, Agente 44, cada vez que oigas de las maravillosas placas solares no olvides recordar esta historia de habilidad, ingenio e intuición de Albert Einstein, el padre de la energía solar—.

—Entonces, **¿qué es el efecto fotoeléctrico?**—.

—De la explicación anterior, tenemos que **el efecto fotoeléctrico es un fenómeno** que se produce cuando las partículas de luz, los fotones portadores de radiación electromagnética, impactan con más *frecuencia* que *intensidad* sobre un material, movilizando muchos más electrones para conseguir dejarlos libres, y produciendo así energía eléctrica—.

—¿Y qué es el efecto fotovoltaico?—.

—El efecto fotovoltaico **es el resultado del aprovechamiento de esos electrones libres** para la producción de una corriente eléctrica a través del flujo de electrones que se da por el contacto de dos piezas que no están formadas por el mismo material, que en el panel solar son los semiconductores de silicio negativos y positivos—.

—¿Cuál es la diferencia entre efecto fotoeléctrico y el efecto fotovoltaico?—.

———La diferencia es que el efecto fotoeléctrico se encarga de la producción de electrones libres produciendo energía eléctrica, mientras que el efecto fotovoltaico es el proceso posterior por el cual se produce la corriente eléctrica a través del aprovechamiento del flujo de esos electrones libres. Por lo tanto, es posible afirmar que *el efecto fotoeléctrico es una parte del efecto fotovoltaico.* Así que, **no hay efecto fotovoltaico sin efecto fotoeléctrico, sin embargo, sí puede haber efecto fotoeléctrico sin efecto fotovoltaico**—.

—Willinauta, ¡no somos Einstein!—.

—Es claro que no somos un "Einstein"; sin embargo, procuremos acercárnosle, así que, en beneficio de nuestra mejor comprensión sigamos explorando la explicación del efecto fotoeléctrico y el efecto fotovoltaico como si de "magia" se tratara. El Consultor Solar debe comprender que es necesario conocer el proceso por el cual se obtiene la energía solar fotovoltaica capaz de producir electricidad de corriente directa que luego es transformada en corriente alterna. Información que es útil para argumentar que **la energía solar sí funciona: ¡Sí es Renovable! ¡Sí es Limpia! ¡Sí Ahorra!**—.

—Willinauta, comprendo lo que quieres decir: que no seamos un "Einstein" no impide que hagamos ciertos esfuerzos por parecérnosle. Por lo tanto, siguiendo su ejemplo, es pertinente continuar haciendo preguntas para hallar y obtener respuestas. Así que mi siguiente pregunta es... **¿qué tiene que ver todo esto con el funcionamiento de un panel solar?**—.

—¡Mucho! Cuando la energía del sol llega a un panel solar comienzan a circular los electrones ("la magia") que después se esparcirán a la red eléctrica. Lo que ocurre en las placas solares es el llamado *efecto fotovoltaico* y se trata de un caso concreto de *efecto fotoeléctrico*. Así como lo lees: en el efecto fotoeléctrico vemos que el material emite electrones cuando recibe la luz ultravioleta del sol; en **el efecto fotovoltaico se trata de una conversión parcial de la energía solar en corriente eléctrica.**

En el caso del efecto fotoeléctrico se liberan electrones al incidir la radiación solar en un material como los paneles solares produciendo energía eléctrica, y en el caso del efecto fotovoltaico lo que ocurre es que hay una diferencia de potencial entre dos puntos de ese material por el flujo de electrones, y como lo vimos en el concepto de voltaje, una diferencia de potencial en un circuito cerrado, —el panel solar, ese cuadro rectangular grande de casi dos metros, funciona como un circuito cerrado— dará lugar al flujo de electrones, es decir, circulación de electricidad en forma de corriente directa.

El acto de magia para producir corriente eléctrica con el Sol

Los paneles solares fotovoltaicos se componen de **múltiples celdas solares con dos tipos de semiconductores de silicio** que interactúan entre sí. Y para hacer la comprensión de forma amigable, simularemos un "acto de magia" (aunque no es desproporcionado comparar la energía solar como algo "mágico") —.

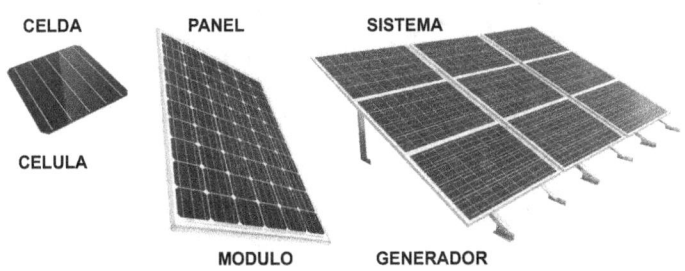

CELDA   PANEL   SISTEMA

CELULA

MODULO   GENERADOR

—Willinauta, por favor, dime **qué es el silicio**—.

—El silicio es un mineral que se encuentra en todo el medioambiente: en las rocas, la arcilla y la tierra. Y es el componente principal de la arena del desierto, la arena de río y la arena de mar.

El silicio es un elemento químico metaloide, número atómico 14 y situado en el grupo 14 de la tabla periódica de los elementos, y de símbolo Si. Y **es el segundo elemento más abundante en el planeta Tierra después del oxígeno**—.

—Y, ¿cuál es la estructura del silicio?—.

—El silicio tiene 4 electrones de valencia que son los que van por la capa externa del átomo (-) y son los que generan enlaces covalentes—.

—**¿Qué es un electrón?**—.

—Es una partícula que se encuentra alrededor del núcleo del átomo y que tiene carga eléctrica negativa. No tiene componentes o subestructura conocidos, **generalmente se define como una partícula elemental.** Y el flujo de electrones entre dos puntos genera corriente eléctrica—.

—¿Qué es un electrón de valencia?—.

—Son los electrones de la última capa de energía de un átomo, también conocida como capa de valencia. Estos sirven para que los átomos puedan formar enlaces covalentes con otros átomos, es decir, formar nuevos compuestos—.

—¿Qué es un átomo?—.

—El átomo es la porción más pequeña de la materia y está compuesto por un núcleo donde se encuentran otras partículas, como:

Los Protones + con carga eléctrica positiva "P"

Los Neutrones *n* sin carga,

Los Electrones – con carga negativa "N"

—¿Qué es un enlace covalente?—.

—Es una fuerza que une a dos átomos de elementos no metálicos para formar una molécula, es decir, generan enlaces covalentes con los átomos de su alrededor—.

—Y, **¿qué es un semiconductor?**—.

—Un semiconductor es todo aquel material que puede actuar como conductor o aislante. Y de acuerdo con la necesidad que se quiera cubrir, se le debe agregar una sustancia que lo altere, como si esa sustancia fuera un "polvo mágico"—.

—¿Cuáles son los dos tipos de semiconductores de silicio presentes en la celda solar?—.

—**Una celda solar es como si se tratara de un "sándwich".** Por la parte superior de la celda solar está el semiconductor de Tipo N, con la carga negativa, que llamaremos "Naranjas", y por la cara interior el semiconductor de Tipo P, con la carga positiva, que llamaremos "Peras". Y en medio de ellas dos, se produce una unión PN (+ y -) entre "Naranjas y Peras", dando origen a la "magia" con un flujo de electrones que se convierte en electricidad de corriente directa—.

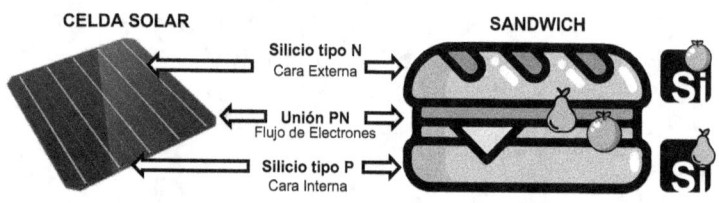

CELDA SOLAR   SANDWICH

Silicio tipo N
Cara Externa

Unión PN
Flujo de Electrones

Silicio tipo P
Cara Interna

—¿**Qué es un semiconductor de tipo N, negativo?**—.

—**Es el primer semiconductor que compone al panel solar y que está en la parte de arriba del "sándwich",** que se encuentra en la cara exterior de la celda solar, la que recibe la radiación solar. Este es un semiconductor con carga negativa N, y en este acto de magia, las "Naranjas".

Este semiconductor negativo se logra al agregarle "polvos mágicos" con otro semiconductor, en este caso el fósforo, con la finalidad de lograr un *exceso de electrones*, obteniendo cuatro electrones alrededor del átomo y uno por fuera. **El fósforo** es el elemento químico de número atómico 15 y símbolo P.

En la gráfica, de un lado, el silicio sin alterar (Si); del otro lado, el silicio ya alterado con fósforo (Sp), y con este "polvo mágico" conseguimos crear un electrón de más, un electrón libre en el aire, por lo que este pasa a tener una carga negativa debido al *exceso de electrones*, la "Naranja" fuera del átomo—.

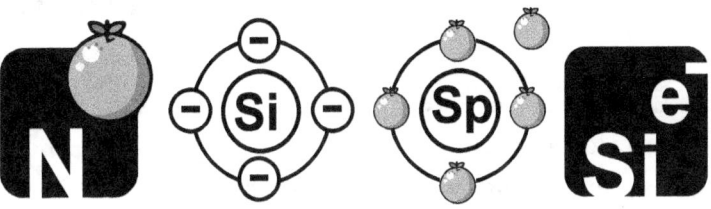

—¿Qué es un semiconductor de tipo P, positivo?—.

—Es el segundo semiconductor que compone al panel solar y que está en la parte de abajo del "sándwich", que se encuentra en la cara interior de la celda solar. Este es un semiconductor con carga positiva P, y en este acto de magia, las "Peras".

Este semiconductor positivo se logra al agregarle "polvos mágicos" con otro semiconductor, en este caso el boro, con la finalidad de *restar electrones*, obteniendo tres electrones alrededor del átomo y un espacio vacío de tal forma que queda un hueco sin completar, un enlace covalente sin construir. **El boro** es un elemento químico de número atómico 5 y símbolo B.

En la gráfica, de un lado, el silicio sin alterar (Si); del otro lado, el silicio ya alterado con boro (Sb), y con este "polvo mágico" conseguimos restar un electrón, por lo que este pasa a tener una carga positiva debido a que le *faltan electrones*, la "Pera" faltante dentro del átomo—.

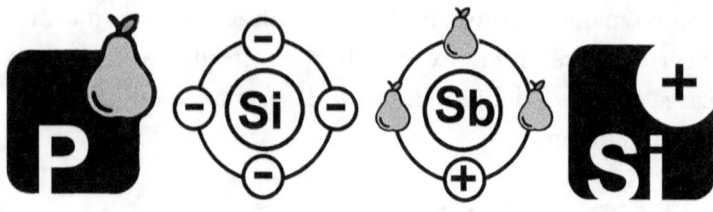

—¡OK! Ya tenemos los dos semiconductores de silicio alterados para lograr una carga negativa y otra carga positiva **¿ahora qué sigue para lograr producir electricidad?**—.

—Bueno, Agente 44, lo que sigue es la producción de corriente eléctrica en el panel solar, que se da a partir de la celda solar del lado de la carga negativa, la zona N, la del **semiconductor Sp con fósforo**, que se expone a la radiación solar —energía solar en fotones— para generar un exceso de electrones libres, la quinta "Naranja" fuera del átomo. A mayor radiación, sobre todo durante el período de la radiación solar directa —*la frecuencia*—, se multiplica la producción de electrones, y este exceso genera una acumulación de electrones que se convierte en energía eléctrica, produciéndose así el efecto fotoeléctrico.

Esta saturación de electrones libres, (la "Naranja sobrante), buscan un lugar donde alojarse, por lo que se mueven en dirección a la cara interna de la celda solar, la del lado de la carga positiva, la zona P, la del **semiconductor Sb con boro,** para ocupar el lugar del electrón faltante —la "Pera", el vacío, el espacio libre—, ocasionando una diferencia de potencial entre la zona N y la zona P porque hay más "Naranjas" que "Peras". Y como sabemos, una diferencia de potencial deriva en corriente eléctrica—

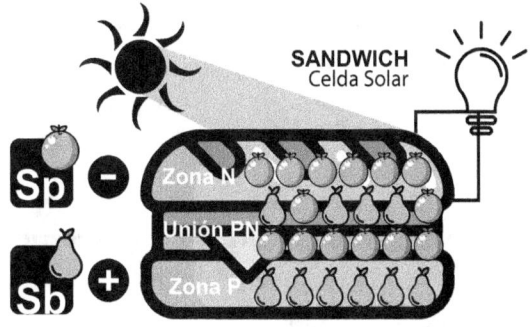

En este movimiento de cargas entre "Naranjas y Peras" **dentro de una red o estructura cristalina de silicio, se produce una unión PN** —neutralización de cargas— por la combinación de electrones y de huecos, donde Sp y Sb se mezclan y se unen —la diferencia de potencial— dando origen a "el relleno del sándwich", que no es otra cosa sino un constante flujo de electrones "Peras y Naranjas" que se convierten en electricidad de corriente directa, produciéndose el efecto fotovoltaico. Las "Naranjas" que no logren ocupar el espacio libre de la "Pera", regresaran al lado N para reiniciar el proceso, **provocando un circuito cerrado.**

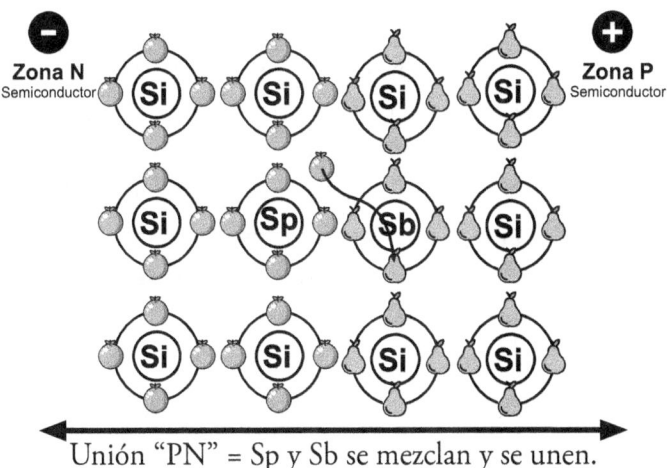

Unión "PN" = Sp y Sb se mezclan y se unen.

La corriente eléctrica que se produce en el panel solar es corriente directa, la cual debe pasar por un inversor de corriente, que funge como "una varita mágica" para transformarla en corriente alterna.

Y ¡Boom! tenemos como por arte de magia corriente eléctrica utilizable proveniente del sol para el consumo de los artefactos eléctricos del inmueble.

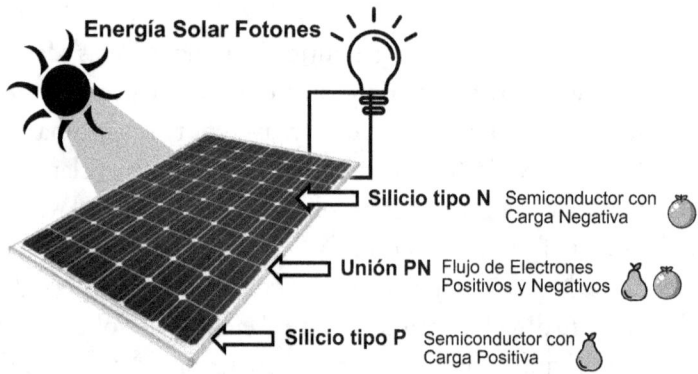

Energía Solar Fotones

Silicio tipo N Semiconductor con Carga Negativa

Unión PN Flujo de Electrones Positivos y Negativos

Silicio tipo P Semiconductor con Carga Positiva

Todo este proceso sucede constantemente en las múltiples células —celdas solares— que componen a los paneles solares, actuando como un circuito cerrado. Todas las celdas están a su vez interconectadas entre sí en forma de zigzag por medio de un hilo de cobre que pasa sobre la zona N, baja a la zona P de la siguiente celda, luego sube a la Zona N, de nuevo baja a la zona P, y así sucesivamente por todas las celdas solares del panel solar, para lograr que todas juntas, entrelazadas, brinden mayor cantidad de corriente eléctrica, es decir, **más capacidad de producción en watts.**

— Willinauta, **¿y en días nublados o con lluvia?** ¿Qué pasa con la frecuencia?—.

—Lo primero que debes comprender es que la *frecuencia* deja de ser tal pasada sus horas pico cuando la radiación ya no es directa, así el clima esté despejado y la luz del sol sea de mucha *intensidad.*

En tales condiciones de intensidad, el sistema seguirá produciendo electrones, las "Naranjas" y "Peras", para producir unión PN; sin embargo, no con la misma saturación de "Naranjas" a falta de frecuencia, aunque sí va a ir reemplazando la energía eléctrica que se esté consumiendo.

En días nublados o con lluvia, el Sistema de Energía Solar (SES) no recibirá *la frecuencia,* por lo que puede tomarle más horas producir las "Naranjas" necesarias para saturar al espacio libre de las "Peras", por lo que a la unión PN **le tomará más tiempo llenar o no llenará lo suficiente,** depende del clima, el sistema de la energía eléctrica necesaria para el consumo del inmueble. Por lo tanto, es muy probable que el inmueble deba tomar electricidad de la red privada, la utilidad, si se ve superado por el consumo versus la producción de energía de ese día. Este punto es muy importante al momento de **calcular el tamaño del SES, el cual debería ser superior al 100 %** para que en los días de producción pueda enviarle electricidad a la utilidad, y luego utilizarla en días de poca producción, o acumularla como crédito a favor para el siguiente mes.

Consultor Solar, **repite esto con frecuencia:** "La energía solar fotovoltaica es mágica. **¡Sí Funciona! ¡Sí ahorra! ¡Sí contribuye con el medioambiente!**"—.

—Entonces, ¿los paneles solares utilizan el efecto fotovoltaico?—.

—¡**SÍ**! En cuanto al panel solar, podemos decir que es un conjunto de celdas solares que utilizan el efecto fotovoltaico para producir electricidad de corriente directa a partir de la luz del Sol. ¡Recuerda! Siempre que haya efecto fotovoltaico está sucediendo también el efecto fotoeléctrico—.

—Willinauta, **¿qué es un panel solar?**—.

—Es una placa fotovoltaica que está formada por un conjunto de celdas solares que se encargan de absorber la energía recibida del sol y producir electricidad. Las celdas de los paneles solares están compuestas por dos componentes semiconductores de silicio, uno negativo y otro positivo, que son alterados con otros semiconductores. **Los paneles solares pueden tolerar una amplia gama de temperaturas** extremas, las inclemencias del tiempo, e incluso los impactos de granizo—.

—¿Cuál es el elemento principal de un panel solar?—.

—Como ya lo has notado, **el elemento principal del panel solar es el silicio.** La energía del Sol, como sabemos, es infinitamente abundante, gratis y disponible en todo el planeta Tierra. Y es curioso que para "hacer match" con esta energía, se necesita la ayuda del **segundo elemento más abundante en la tierra después del oxígeno**—.

—Y, ¿cuál es ese elemento?—.

—Agente 44, en el planeta Tierra el segundo elemento más abundante después del oxígeno es ¡la arena! Y para utilizar la arena en un panel solar, tiene que ser convertida a cristales de silicio con una alta pureza del 99,999 % para su uso en las celdas solares.

Como vimos antes, el silicio es un elemento químico metaloide que tiene por número atómico el 14 y está situado en el grupo 14 de la tabla periódica, y cuyo símbolo es Si. **Él silicio tiene mucha importancia y presencia en la industria de la electrónica,** siendo utilizado como material base en la elaboración de obleas o chips que se pueden implantar en transistores, pilas solares, celdas solares, y una gran variedad de circuitos electrónicos—.

Ves la arena brillar, es silicio. En una noche despejada ves la luna plateada, es silicio.

—Willinauta, explícame, por favor, ¿cómo se logra obtener esa alta pureza?—.

—Para conseguir una extrema pureza del 99,999 % de la arena y obtener silicio, la arena tiene que pasar por un complejo proceso de purificación en un horno que se calienta con carbón a 2000 °C resultando en silicio en bruto. Este se convierte en una forma compuesta de silicio gaseoso, y luego se mezcla con hidrógeno para obtener silicio policristalino, y si el proceso químico de los cristales de silicio se lleva un paso más allá, las celdas policristalinas se convertirán en **celdas monocristalinas, las más usadas y eficientes en la actualidad en un panel solar**—.

—¿En qué forma sale el silicio del horno?—.

—Al salir del horno, el silicio se convierte en barras altamente purificadas, con forma de un lingote o barra de queso que luego se corta en lonjas. **Estos lingotes o barras de silicio se convierten en lonjas delgadas llamadas obleas de silicio** (la celda solar). La oblea de silicio, la lonja si lo prefieres, es alma y corazón de una celda solar fotovoltaica—.

—¿Cómo está compuesto un panel solar?—.

—El panel solar está compuesto por varias celdas solares fotovoltaicas interconectadas entre sí, para que estas absorban la luz del Sol que viene en fotones. Debes saber que una celda solar por sí misma no es capaz de generar grandes cantidades de energía, por lo que es necesario juntar varias de ellas y así formar un panel solar. Pueden llegar a ser 36 celdas o más por panel, esto dependerá del tamaño y la potencia que se necesite del panel solar fotovoltaico. ¡Recuerda! Fotovoltaico significa que convierte la luz del Sol en electricidad—.

Agente 44, ¿sabías que...?

¡Llegó la perovskita! Este es un mineral de trióxido de titanio y de calcio, que actúa como semiconductor con una estructura cristalina especial que le hace muy adecuada para la nueva tecnología de células solares más eficientes y económicas.

Las expectativas con este mineral en el futuro cercano son extraordinariamente prometedoras. El gran avance consiste en agregar una capa de perovskita encima de la capa de silicio. Esta capa de perovskita captura la luz azul del espectro visible, mientras que el silicio captura la luz roja, aumentando en conjunto la luz total capturada en general, lo que resulta en mayor eficiencia del panel solar. Es cuestión de poco tiempo para comenzar a ver paneles solares con perovskita a gran escala en el mercado.

Según los investigadores de la Universidad de Nanjing (China) que lograron el avance en el diseño que está facilitando la producción en masa de paneles solares con perovskita, las células solares de próxima generación se fabricarán a la mitad del costo de las células de silicio tradicionales, y con un 50 % más de eficiencia.

—Ese dato fue realmente interesante, Willinauta. ¿Puedes decirme ahora cuál es la estructura de un panel solar?—.

—Agente 44, **la estructura básica de un panel solar es la siguiente:**

PARTES DE UN PANEL SOLAR FOTOVOLTAICO

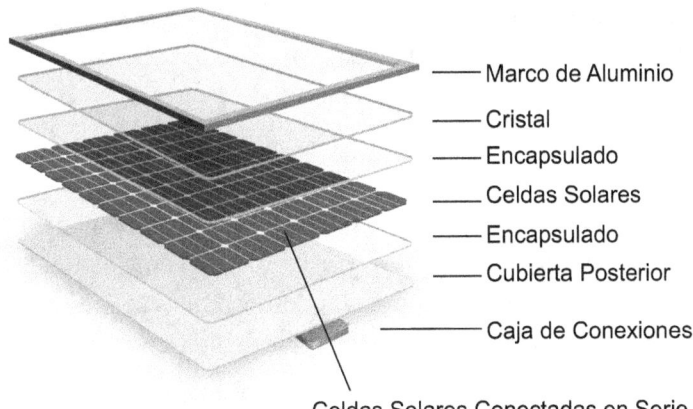

—— Marco de Aluminio
—— Cristal
—— Encapsulado
—— Celdas Solares
—— Encapsulado
—— Cubierta Posterior
—— Caja de Conexiones

Celdas Solares Conectadas en Serie

Marco de Aluminio

El marco es una estructura fabricada en aluminio para evitar la corrosión. Este marco rodea el panel solar por todos sus lados, y le ayuda a protegerlo de los elementos del ambiente; también funge como un soporte estructural para el panel.

Cristal

El cristal se encuentra en la parte superior del panel y ayuda a proteger las células solares de los elementos exteriores que podrían afectar las celdas. El cristal utilizado en los paneles solares es típicamente vidrio templado o vidrio laminado, el cual es de fácil lavado para mantener los paneles solares libres de polvo y suciedad.

Encapsulado

El encapsulado está hecho con láminas de EVA (Etileno - Vinil – Acetato), un tipo de plástico ligero y poroso que posee una textura espumosa y flexible, y se encuentra a ambos lados de las celdas para protegerlas de elementos exteriores, golpes, vibraciones, humedad, y suciedad. Esta EVA se utiliza para unir el cristal y la cubierta posterior al marco del panel solar.

Celdas Solares

Las celdas solares son el componente principal del panel solar y las encargadas de convertir la luz solar en electricidad. Estas celdas, también conocidas como células solares, están hechas de silicio y tienen una capa dotada con fósforo, el semiconductor negativo Sp, y una capa dotada con boro, el semiconductor positivo Sb.

Cubierta Posterior

La cubierta posterior, como su nombre lo indica, se encuentra en la parte posterior del panel solar, y sirve de ayuda para proteger las células solares de los elementos exteriores que puedan alterar el buen funcionamiento del panel. Esta cubierta está hecha típicamente de plástico o vidrio templado.

Caja de Conexiones

Es la terminal donde se hacen las conexiones de los inversores de corriente independientes de cada panel en toda su estructura de paneles—.

—Willinauta, ¿cómo funciona el panel solar?—.

—Verás, Agente 44, las celdas solares que componen el panel solar entran en funcionamiento en conjunto cuando reciben la radiación solar. Estas celdas están intercaladas y vinculadas mediante un hilo conductor. De un punto a otro todas las celdas hacen que se produzca un campo eléctrico en el panel solar, producto del efecto fotovoltaico del que ya hemos hablado, obteniéndose corriente directa que es transformada en corriente alterna por medio de inversores de corriente. De esta forma podrá dársele uso a la corriente en el inmueble—.

—¿Qué es un sistema de energía solar fotovoltaica?—.

—Un sistema de energía solar fotovoltaica, también conocido como generador, **es una instalación de un determinado conjunto de paneles solares,** que, por medio de sus celdas solares producen energía eléctrica en forma de corriente directa.

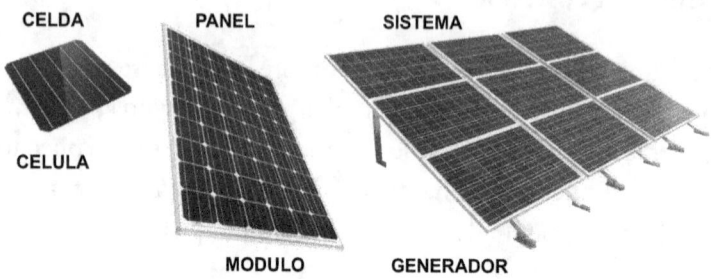

Este sistema para funcionar requiere de elementos adicionales, como los inversores de corriente, cableado, regulador de carga, entre otros. Y debe estar instalado en una posición en la que resulte más favorable a la radiación directa del Sol para lograr mayor eficiencia—.

—Entiendo, Willinauta, y ¿cómo se determina el tamaño del sistema necesario para el inmueble? **¿Cómo saber cuántos paneles hay que instalar?**—.

—Esa es una buena pregunta, mi querido agente. La industria de la Energía Solar Residencial y Comercial cuenta con plataformas que, a través de un *software* manejado por **personal especializado,** realizan los cálculos de ingeniería para estimar el tamaño en kilowatts del Sistema de Energía Solar (SES) con la cantidad de paneles e inversores necesarios. Estas plataformas están a disposición del Consultor Solar y su tarea es introducir la información tomada de una factura de electricidad: nombre, dirección, consumo eléctrico, empresa proveedora de electricidad y otros datos de interés.

Una vez introduce los datos, debe esperar un determinado tiempo para que la plataforma le envíe de vuelta la propuesta del proyecto solar que posteriormente podrá ver el cliente en la presentación de ventas. Esta propuesta incluye todos los detalles técnicos y financieros del Sistema de Energía Solar (SES)—.

—¿Hay alguna forma "manual" para obtener la información del tamaño del sistema?—.

—Sí, existe una forma sencilla para calcular el Sistema de Energía Solar de un inmueble. Sin embargo, **te adelanto que es solo para hacer una estimación,** tener una idea, únicamente en caso de que sea necesario, y **no aconsejable para darlo como definitivo,** pues no tiene la formalidad y precisión de una propuesta que es realizada por especialistas en una plataforma tecnológica (*software*).

Por ejemplo, para calcular un Sistema de Energía Solar (SES) de un inmueble realiza esta fórmula:

Supongamos que un inmueble consume un promedio de 16.000 kW al año; este número se divide entre 365 días, lo que nos dará como resultado el promedio de consumo diario de kW del inmueble.

Ahora, con esta información, pasaremos a la siguiente etapa de la fórmula para obtener el tamaño del Sistema de Energía Solar (SES). **Aquí debes tener el dato de la cantidad de horas de radiación directa** o, lo que es lo mismo, Hora Solar Pico de la localidad donde se instalará el sistema. Hay algunas páginas web y aplicaciones gratis en las que puedes obtener este dato con rango de precisión.

En gran parte de la Florida se estima un rango de Hora Solar Pico o Radiación Directa que va desde unas 3.65 h a 4.25 h. Para continuar el ejemplo tomaremos como referencia 4 h de HSP (la frecuencia).

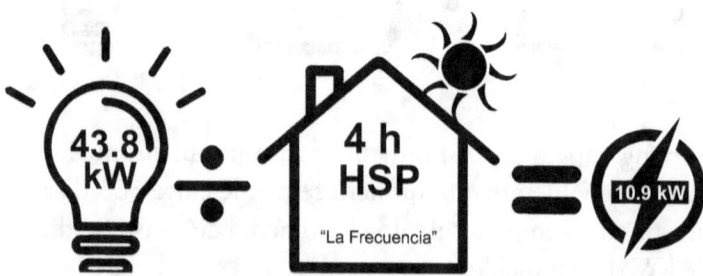

Ya tenemos el tamaño del sistema, este es de 10.900 kW. Con esta información también podemos hacernos una idea de la cantidad mínima de paneles que requerirá el inmueble para cubrir su demanda de consumo eléctrico.

Ahora dividiremos estos kilowatts entre el potencial del panel solar en watts. Consideremos para el ejemplo que hemos pensado optar por instalar paneles de 380 W de potencia. Este número lo dividiremos entre el tamaño del sistema, y tendremos como resultado la cantidad mínima de paneles que se deben instalar para cubrir el consumo del inmueble.

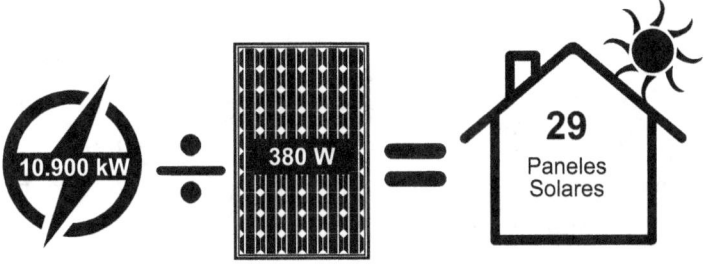

Tendrían que ser 29 paneles, siempre que todos produzcan el 100 % de su eficiencia. Eficiencia que depende de la ubicación del techo con respecto al sol. Por lo general se instalan más paneles para cubrir el consumo—.

—¿Cuáles son los componentes de una instalación para un Sistema de Energía Solar?—.

—Los siguientes son los principales componentes necesarios para la instalación de un sistema fotovoltaico: módulos fotovoltaicos también llamados paneles solares, regulador de carga, estructuras de herrajes para soporte de los módulos, inversor general o microinversor (en este caso uno por panel) y cables eléctricos.

Los Sistemas de Energía Solar también tienen componentes adicionales que se evalúan de acuerdo con las necesidades del inmueble o exigencias del cliente. Por ejemplo, baterías para respaldo y almacenamiento de la energía eléctrica—.

—Willinauta, **¿existen varios tipos de panel solar fotovoltaico?**—.

—Sí, Agente 44, existen varios tipos de panel solar fotovoltaico. No obstante, a fines prácticos de este material, y en línea con la actualidad comercial del momento, conoceremos los tres tipos principales de panel solar fotovoltaico: monocristalino, policristalino, amorfo—.

—¿Cómo son los paneles monocristalinos?—.

—Por lo general, son negros y a menudo constan de pequeños cuadrados. Pueden lograr una eficiencia del 22 %. Luego de diez años, la retención sigue siendo del 92 % y después de 25 años es del 82 % Los costos de los paneles monocristalinos son más altos por un proceso de fabricación especial. Para superficies pequeñas, son la mejor opción porque se obtiene una eficiencia relativamente más alta con menos paneles. Alcanzan una potencia mayor a 300 W, y las celdas tienen sus equinas redondeadas—.

—¿Cómo son los paneles policristalinos?—.

—Por lo general, se puede reconocer los paneles solares poli-cristalinos por el color azul. Pueden lograr una eficiencia de 15 % aproximadamente, después de diez años la retención es del 90 % y del 80 % después de 25 años. El precio de compra es más bajo, por menos costos en el proceso de fabricación. Para superficies grandes, a menudo se recomienda instalar paneles solares policristalinos. La inversión es considerablemente me-nor. Tienen una potencia de hasta 350 W, y las celdas tienen sus equinas cuadradas—.

—¿Cómo son los paneles amorfos?—.

—Denominados paneles de película fina, son de color negro. Se les coloca en una capa muy fina de silicio, como una especie de laminado. También se fabrican con aleación de otros materiales. Son mucho más fáciles de fabricar, a pesar de los mayores costos de material. Este panel está especialmente indicado a la sombra. Los otros tipos de paneles solares funcionan mejor con luz solar directa, sin embargo, la película delgada es más barata. Tienen una potencia de 100 W, y son como un manto que se puede enrollar—.

—Dime una cosa, Willinauta, **¿hay pérdidas en la captación de energía solar?**—.

—¡Sí las hay!.. Tenemos al menos cinco escenarios por los que el panel solar puede ver interrumpida su captación de energía solar, impidiéndole lograr la eficiencia para la que fue diseñado.

Ten en cuenta que las pérdidas de captación solar se producen por diferentes motivos y obstáculos alrededor o encima del sistema de energía solar, que le afectan en la obtención óptima de energía, restando su capacidad de producción, lo que a su afecta el rendimiento de los paneles solares—.

—¿Cuáles son los escenarios de pérdida en la captación de energía solar?—.

—Estos son los cinco escenarios más comunes y frecuentes:

Pérdidas de captación por sombra

Se da cuando los árboles o edificaciones contiguas al Sistema Energía Solar (SES) proyectan su sombra sobre los paneles y le generan dificultad para acceder a la radiación, ocasionando pérdida.

Pérdidas de captación por orientación e inclinación

Como vimos antes, la orientación y la inclinación de los paneles solares es muy importante para favorecer una mayor producción de electricidad. Si al momento de instalar el SES, no se hacen bien los cálculos de los ángulos, este no aprovechara el total de radiación disponible en su zona.

Pérdidas por temperatura

Las temporadas de huracanes y malas condiciones climáticas por tiempo prolongado pueden producir pérdidas en la captación, ya que interfieren con la radiación directa.

Pérdidas por equipos externos

La mala calidad de algunos de los insumos como los paneles, los inversores, el cableado, o todo en su totalidad, y también una interconexión de cableado mal hecha puede hacer perder conectividad.

Pérdidas por falta de mantenimiento

Los factores ambientales pueden afectar el funcionamiento del sistema: polvo, agua, humedad, suciedad, hojas de árboles, etc.—.

—Willinauta, si tuviéramos que enumerar al menos seis grandes beneficios y ventajas de la energía solar para el cliente, ¿cuáles serían?—.

—Es oportuna esta pregunta para aclarar que no se deben confundir *beneficios y ventajas,* mi estimado amigo. Ambas cosas favorecen al cliente en contextos diferentes. Un beneficio es algo que *cubre una necesidad,* que puede resultar en una mejora de algo, en crear una nueva experiencia. Y una ventaja es algo de lo que el cliente *se puede aprovechar* porque es diferente a lo que tenía, o que otra empresa le ofrecía, es adelantarse a una situación—.

—¡Comprendo! Y **¿cuáles serían los seis grandes beneficios de la energía solar para el cliente?**—.

—Agente 44, estos serían seis **beneficios** para el cliente:

1.- Propiedad. El usuario produce y es dueño de su propia energía. Energía que incluso puede devolver a la utilidad para hacer crédito de consumo. Algunas compañías eléctricas devuelven un cheque. Aunque por lo general optan por devolver crédito en saldo a favor con kW.

2.- Ahorro. El bolsillo del cliente comienza a ver luz al dejar de un lado la factura de electricidad. Se puede obtener un ahorro de un 90 % o más en electricidad.

3.- Efecto Freezer. Se congela el pago mensual de electricidad hasta por 25 años, y en la mayoría de los casos también se congela la tasa de interés del financiamiento. La cuota mensual se puede mantener fija en el tiempo. Y no le afectan los incrementos de la utilidad. Es algo así como comprar gasolina a un mismo precio, sin alzas, sin alteraciones, por los próximos 25 años.

4.- Garantía. De 25 A 30 años en todo el SES: panel, inversores, cable. Garantía por filtraciones al techo u otros daños ocasionados por el Sistema de Energía Solar (esta garantía suele variar, sujeta a las políticas de la empresa solar).

5.- Referido es igual a dinero. Plan de Referidos. Obtiene incentivo por referir propietarios de casa que adquieran energía solar.

6.- Agrega Valor. Un SES incrementa el valor de la propiedad, y este puede variar según el estado, la zona, código postal, y la empresa proveedora, a la vez que contribuye con el medio ambiente.

¡Anímate! Escribe y describe más beneficios—.

—¿Cuáles serían las seis grandes ventajas de la energía solar para el cliente?—.

—Agente 44, estas serían seis **ventajas** para el cliente:

1.- Inagotable. La energía del sol en forma de luz y calor es convertida en electricidad renovable. Energía limpia que no contamina. La energía solar es inagotable, el cliente no depende de energía de hidrocarburos fósiles.

2.- Fácil Mantenimiento. Los paneles solares solo deben estar libres de polvo, objetos y hojas. Mantener activo un SES no ocasiona gastos considerables. Esta ventaja de fácil mantenimiento le permite ahorrar al cliente en gastos de limpieza. La ventaja termina en un beneficio.

3.- Potencia. 4 horas de energía solar (la frecuencia) producen la electricidad necesaria para el consumo de todo el día (en Florida)

4.- Accesible. No requiere inicial, es Cero Down Payment, opción de 30 % de crédito federal en impuestos. Financiamiento amplio y bajo en intereses.

5.- Control. El cliente, por medio de un *software* o de una *app,* puede monitorear la producción del SES, y así gestionar un consumo inteligente por la medición de consumo por horas, días, mes, año.

6.- Mudarse no es problema. Si el cliente cambia de casa, tiene varias opciones. Una es mudar el SES a la nueva propiedad, es cuestión de desmontar y trasladar el sistema; también puede transferir el financiamiento al nuevo propietario, o pagar el financiamiento completo y agregarlo al precio del inmueble, así el nuevo propietario obtiene como plus no pagar electricidad desde el día cero.

—Willinauta, ¿cuál sería un ejemplo de ventaja con beneficio en una propuesta de ventas?—

—A continuación, utilizaremos como ejemplo una empresa ficticia a la que llamaremos *Orden Solar Energy Company*.

Veamos un ejemplo de ventaja con beneficio. Y en medio de *la ventaja* y *el beneficio* incluiremos *un encanto deslumbrante* que una ambos escenarios como un solo argumento para hacer negocios con Orden Solar Energy Company.

"En Orden Solar Energy, tenemos para usted el financiamiento más bajo en intereses, con planes que van desde el 2.99 %. Más de 200 clientes satisfechos son la garantía de nuestra propuesta. Por eso, optar por nuestros planes es algo confiable, que también le brinda la oportunidad de ahorrarse un dinero en altas tasas de interés, dinero que podrá utilizar para cubrir otras necesidades ".

La Ventaja: *el financiamiento más bajo en intereses, con planes que van desde el 2.99 %*

El Beneficio: *oportunidad de ahorrar dinero para cubrir otra necesidad*

En medio, el Encanto Deslumbrante: *más de 200 clientes satisfechos son la garantía de nuestra propuesta*

Palabras Clave: *Oportunidad, Ahorro, Satisfacción, Garantía, Confiable*

Un Consultor Solar, antes de acudir a una cita, debe reco-pilar todas las ventajas y beneficios que ofrece su empresa, e incluirles un encanto deslumbrante. De manera que los tenga "a la mano" para "sacarlos" durante la presentación. ¡No todos a la vez! ¡No todos en una presentación! Irónicamente, los prospectos suelen dudar cuando hay muchas ventajas y beneficios, o cuando los *encantos deslumbrantes* son demasiado deslumbrantes, por aquello de "es tan bueno que no parece real".

—Willinauta, si tuviéramos que enumerar seis grandes motivos por los que **la energía solar no funciona**, ¿cuáles serían?—.

—Antes, es preciso aclarar que la energía solar fotovoltaica **¡Sí funciona!** y en todas sus formas. Lo dice la ciencia, lo confirma la NASA, lo avalan los millones de paneles solares instalados por todo el mundo, desde usos básicos como encender un bombillo para alumbrar una calle, hasta las grandes granjas solares con decenas de acres de paneles solares para alimentar de energía eléctrica ciudades o empresas. Y si miras arriba, hay miles de satélites que hoy mantienen comunicado al planeta Tierra, y que utilizan como fuente de energía la energía solar fotovoltaica.

Cuando en el planeta Tierra se escucha a alguien decir que la energía solar "no funciona", debemos comprender que posiblemente se esté refiriendo a aspectos técnicos o financieros del Sistema de Energía Solar (SES), cuya experiencia no cumplió con las expectativas y promesas realizadas, o cuando hay engaño y falta de claridad en el proceso de compra-venta.

1.- **¡No funciona!** por sistema mal calculado. La energía del sol en forma de luz y calor es convertida en electricidad renovable. Si el Consultor Solar no realiza una propuesta de SES que cubra el consumo de su cliente, lo más probable es que el cliente pague doble factura: la del financiamiento del SES y la de la utilidad por consumo de su energía eléctrica.

2.- **¡No funciona!** por materiales de mala calidad. La empresa instaladora del SES, por ahorrar dinero que redunde en su ganancia, opta por utilizar suministros bajos en costos y también en calidad. Un SES de materiales ineficientes obviamente no será eficiente.

3.- **¡No funciona!** por instalación mal hecha. Personal sin conocimientos necesarios y carentes de experiencia serán la causa de una instalación de cálculos con orientación y ángulos mal hechos, lo que afectará al SES imposibilitándolo de captar el 100 % de energía solar.

4.- **¡No funciona!** por precio sobre calculado. Empresas de energía solar con pecios altos o Consultores con comisiones de ventas sobredimensionadas impactaran el bolsillo de su cliente, aunque este al principio no lo perciba. Poca claridad con la ventaja del 30 % por Crédito de Impuestos Federales, no se consumará como beneficio, si el cliente no califica o no logra cruzar sus impuestos por desinformación.

5.- **¡No Funciona!** por ampliación no prevista. El Consultor Solar debe orientar a su cliente en que su SES debería estar calculado para cubrir poco más del 100 % del consumo actual del inmueble. No hacerlo no protegerá al cliente de alguna ampliación o adecuación futura que realice y que incluya más consumo de electricidad. De igual forma ocurre con visitas muy prolongadas, lo que terminará en doble factura.

6.- **¡No funciona!** por descuido con el SES. Olvidarse de que tienes tu propio generador de electricidad sobre tu techo, y dejarlo a la buena suerte, poco a poco afectará la producción del SES. Mantener libre de impurezas a los paneles, chequear que todos los paneles están produciendo la energía necesaria, es fundamental para darle el "Sí" por siempre a la energía solar—.

—Willinauta, si tuviéramos que enumerar seis grandes verdades por las que **la energía solar sí funciona,** ¿cuáles serían?—.

1.- **¡Sí funciona!** Miles de satélites en el espacio exterior, desde el tamaño de una caja de zapatos hasta el de un autobús escolar, se alimentan de energía solar gracias a sus paneles solares fotovoltaicos.

2.- **¡Sí funciona!** Las empresas que distribuyen y venden energía eléctrica a partir de combustibles fósiles han instalado sus propias granjas solares para llevarle a los usuarios energía solar, y bajar sus costos por alzas del combustible. Sin embargo, su ahorro no recae en el cliente, las tarifas siguen su vida propia.

3.- **¡Sí funciona!** En los Estados Unidos cientos de empresas ya establecidas o nuevas se han sumado a la industria de la energía solar residencial, como vendedores, instaladores y proveedores. Su potencial es real, de lo contrario esta industria estaría estancada.

4.- **¡Sí funciona!** Un Sistema de Energía Solar, bien calculado y bien instalado con materiales de calidad comprobable, se traduce en eficiencia en su producción de energía eléctrica y en importantes beneficios económicos para su propietario. Miles de hogares con SES por todo el país lo confirman.

5.- **¡Sí funciona!** Con un *software* o una *app* (aplicación móvil) el usuario puede monitorear su SES para medir la eficiencia y rendimiento. Con esta herramienta puede confirmar a cada momento que la energía solar funciona.

6.- **¡Sí funciona!** La ciencia lo confirma. Todo lo que pasa por las etapas del método científico no da espacio a la duda. Y la energía solar fotovoltaica hace rato que pasó la prueba, y su crecimiento sostenido lo comprueba. El método científico consta de una serie ordenada de procedimientos formado por reglas y principios que sirven para la investigación científica: observación, hipótesis, experimentación, teoría y hechos.

Agente 44, ¿sabías que...?

¡Existe una energía todopoderosa! La energía solar fotovoltaica no crea ningún tipo de contaminación auditiva; los paneles solares producen energía eléctrica sin generar ningún tipo de sonido. La versatilidad de sus componentes le permiten poder instalarse en cualquier parte del mundo, por eso es posible llevar energía hasta los lugares más aislados. Cada vez que se instala un sistema de energía solar fotovoltaica se calcula el equivalente de árboles plantados en que se traduce. El medioambiente, las plantas, las aves, los animales, los humanos, todo nuestro ecosistema se ve favorecido cuando utilizamos energías renovables.

CAPITULO 6

PARKER:

¡CONOCIENDO LA ENERGÍA SOLAR!

*En un lugar desconocido puede encontrar cosas notables
que no anticipó.*

Eugene Parker.

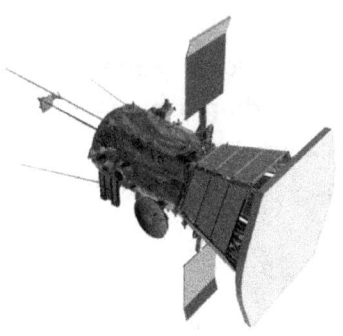

**La sonda Parker Solar Probe logrará
"tocar el Sol" por primera vez en la historia
de la humanidad. Algo así como ir por una
"selfi con Apolo".**

— Una nave directo al sol, Willinauta. ¡Es increíble!—.

—¡Muy increíble, mi estimado amigo!... Te cuento, la sonda Parker despegó de la Tierra en el cohete Delta IV Heavy fabricado por United Launch Alliance. Este es un vehículo de lanzamiento de carga pesada desechable, del tipo más grande de la familia Delta IV, y el tercer cohete de mayor capacidad actualmente en servicio, detrás del SLS (Space Lunch System) de la NASA y el Falcon Heavy de SpaceX. Una sonda es un instrumento de navegación sin tripulación que se envía al espacio para estudiar los diferentes cuerpos del Sistema Solar. El lanzamiento de la sonda Parker se realizó desde Cabo Cañaveral en la costa este del estado de la Florida el 12 de agosto del 2018, y se espera que llegue a su punto más cercano al Sol para finales del 2025—.

—**¿Es la sonda Parker Solar Probe una magnífica obra de ingeniería de última generación?**—.

—Sin lugar a dudas, y es que **esta sonda en órbita es el objeto más rápido construido por humanos en la historia** y el que llegará más cercano a la estrella Sol, y es que viaja a una velocidad máxima de 430.000 mph (690.000 km/h). ¡Más rápido, Más Furioso!

Parker es la primera sonda que estará más cerca del Sol, y resistirá un calor equivalente a 500 veces al que se experimenta en la Tierra. Esta sonda lleva consigo un superpoderoso escudo térmico de titanio que le protegerá y permitirá soportar temperaturas de 1.400 °C, y mantendrá los instrumentos del interior de la aeronave a temperatura ambiente de 30 °C. Asombroso, ¿no te parece, Agente 44?—.

—Sí, es muy asombroso. ¿Y cuál es el objetivo de la sonda Parker Solar Probe?—.

—Su objetivo es **investigar la estructura y la dinámica del campo magnético del Sol,** responder la razón del calentamiento de la corona solar, determinar qué mecanismos aceleran y transportan partículas energéticas; también podrá **anticipar el viento o tormentas solares.** Esto último permitirá al planeta Tierra prepararse con antelación y minimizar los efectos caóticos que pudieran ocasionar. Entre otras cosas, nos dará tiempo de "apagar" las turbinas con reactores nucleares—.

—**¿Qué es el viento solar?**—.

—El viento solar es **un flujo de partículas con cargas eléctricas positivas (iones) y negativas (electrones), expulsadas de la capa más externa del Sol,** lo que se conoce como corona solar. Viento que, al dirigirse a la Tierra y hacer presencia en ella, puede llegar a dificultar misiones espaciales, alterar las redes eléctricas de la tierra y afectar transmisión de los satélites, todo lo cual sería un absoluto caos considerando que el planeta Tierra de la actualidad es nada sin telecomunicaciones, sin Internet, sin energía eléctrica. Solo piensa lo que ocurriría con el sistema financiero imposibilitado de comunicarse—.

—Comprendo, y Parker sí nos responderá cómo es posible tan extrema diferencia de temperatura entre el núcleo del Sol y su superficie, ¿verdad?—.

—Eso esperamos, pues parte de la misión de Parker es darle respuesta a esa pregunta. Y así resolver por qué la atmósfera del sol está a 15.000.000 °C mientras que la propia superficie solar está a 5.500 °C—.

—¿Y cómo es posible este viaje de más de seis años al Sol?—.

—Je, je, je... ¡Adivina, Agente 44! Aparte del ingenio de la ciencia presente en la NASA y otras agencias espaciales de la Tierra, este fabuloso viaje al sol es posible gracias a que la Sonda Parker se alimenta de la energía solar obtenida por sus **paneles solares de celdas fotovoltaicas**—.

—¡Santos recórcholis, Willinauta! Parker realmente conocerá el Sol... ¡Es increíble! Y ahora que lo pienso, ¿por qué el nombre "Parker" para esta sonda que va al sol?—.

—Ese es un detalle interesante, Agente 44. La NASA decidió llamar "Parker" a esta sonda en honor al prominente **astrofísico, astrónomo y profesor universitario estadounidense Eugene Parker,** quien fuera profesor emérito de la Universidad de Chicago, y la única persona que por más de 50 años se dedicó al estudió del Sol.

Sus estudios e investigaciones se centraron especialmente en el viento solar, el campo magnético de la Tierra y el Sol, y sus complejas interacciones. Por cierto, fue Parker quien introdujo en 1959 el término *viento solar* y propuso una teoría magnetohidrodinámica para la descripción del viento solar—.

—¿De dónde es Eugene Parker?—.

—Eugene Newman Parker nació en Houghton, Míchigan, el 10 de junio de 1927 y falleció en Chicago, Illinois, el 15 de marzo de 2022. Para la fecha del lanzamiento de la sonda en 2018, se convirtió en la primera y única persona al momento, en presenciar el despegue de una nave espacial que llevaba su propio nombre—.

Cuando la noche se convirtió en día por el viento solar

En 1859 empezaron a verse auroras boreales en los cielos de todo el planeta tierra, fue entre el 28 de agosto y el 2 de septiembre de aquel año. En esos días se produjeron auroras boreales tan intensas, que los habitantes de Missouri podían leer sin ayuda de luz eléctrica pasada la medianoche.

—Willinauta, ¿aurora boreal en Missouri?—.

—¡Sí! Y de tal nivel era la intensidad de la luz que los mineros de Missouri que buscaban oro en las montañas rocosas se despertaron, y, al ver la luz, pensando que había amanecido en un día nublado, **se levantaron, prepararon café y desayuno a la una de la madrugada.**

Y hay más, Agente 44, también hubo aurora boreal en Madrid, Roma, Santiago de Chile, La Habana, Ciudad de Panamá, el norte de Colombia e incluso en Australia, y otros países.

—¡DIOS! ¿Qué estaba sucediendo?—.

—Era la mañana del 1 de septiembre y atento a la situación desde que se inició, el astrónomo inglés Richard Carrington, tras **observar una explosión de luz blanca en la superficie del Sol,** se apresuró en tomar su telescopio y correr al jardín de su casa en Londres para apuntar hacia el Sol con la intención de estudiar las oscuras y extrañas manchas que recorrían su superficie.

En un momento de su observación, Carrington vio dos enormes llamaradas de luz blanca que despidieron una energía equivalente a más de diez mil millones de bombas atómicas—.

—¿Quééé? ¿Diez mil millones de bombas atómicas?—

—En enero de 1945, en Hiroshima y Nagasaki, durante la II Guerra Mundial, las bombas atómicas que fueron lanzadas por Estados Unidos sobre esas ciudades de Japón tenían una potencia explosiva de 1.600 y 2.100 toneladas de dinamita, y ya sabemos cómo quedaron devastadas—.

— Willinauta, hablar de diez mil millones de bombas atómicas… ¡eso es mucha potencia!—.

—Sí, Agente 44, es tanta potencia que es difícil de concebir. Y lo más aterrador, al menos para Carrington, que era quien observaba aquello, era que tan solo cinco minutos después habían desaparecido. Sin embargo, 17 horas más tarde los efectos de aquellas llamaradas se comenzaron a hacer visibles y a hacerse sentir en la Tierra provocando **la tormenta de viento solar más potente y violenta jamás registrada en el planeta en los últimos 500 años. ¡Sí!** En cinco siglos—.

—¿Y así fue como la noche se convirtió en día?—.

—¡Sí! **Así fue como la noche se convirtió en día.** Esa gran eyección de masa coronal o "viento solar" del año 1859, conocida como Evento Carrington, ya sabes por qué, provocó el colapso de la tecnología disponible en aquel momento: las líneas del telégrafo se cayeron en todo el mundo, en particular en Europa y en Estados Unidos durante al menos 14 horas, muchos operadores resultaron heridos, y también se produjeron múltiples incendios. Por si fuera poco, y para sorpresa de todos, debido a la sobrecarga de electricidad en la atmósfera, los telégrafos enviaban mensajes de larga distancia sin la ayuda de las baterías. La Tierra se había convertido en una especie de inmensa batería con una super carga, que ni todas las baterías que ha fabricado el conejito que dura, y dura, y dura, y dura, desde 1896 hasta hoy, se aproximarían si quiera un poquito a aquel nivel de energía—

—¿Y cómo fue que se formaron las auroras boreales?—.

—**El Sol estaba ¡encendido!** Este inusual y tan poco frecuente evento de furia desencadenó una violentísima tormenta geomagnética en la Tierra provocada por la eyección de masa coronal, y que le cayó al planeta encima, arrasándolo de calor y provocando fuegos, con ráfagas de nubes de plasma sobrecalentándolo a gran velocidad. Fue así cuando esos estallidos de viento solar golpearon la magnetosfera terrestre que actúa como un escudo protector del planeta —una función similar a la que cumple el escudo térmico de la Sonda Parker— lo que provocó las auroras boreales que fueron visibles en muchos lugares—.

La Tierra se había convertido en una especie
de inmensa batería con una super carga,
que ni todas las baterías que ha fabricado el conejito
que dura, y dura, y dura, y dura, desde 1896 hasta
hoy, se aproximarían si quiera un poquito
a aquel nivel de energía.

—¡Cómo me habría gustado ver una, Willinauta! Aunque no puedo imaginar el terror y susto de los habitantes de la Tierra en aquellos días—.

—Sí, tiene que haber sido aterrador, Agente 44. **Ahora ya sabes de las que puede salvar al planeta tierra la sonda Parker Solar Probe al lograr enviarle a los científicos de la NASA información anticipada y precisa** sobre posibles eventos de viento solar. Los habitantes de la Tierra podrán tomar acción y previsión con todos los sistemas de telecomunicaciones actuales, plantas de energía eléctrica y nuclear, los reactores, y en el espacio con los satélites y el personal que se encuentre allá arriba. Las dimensiones de algo como el Evento Carrington en la actualidad también podrían ser muy catastróficas, sobre todo a nivel del sistema financiero mundial; sin embargo, al saberlo con anticipación, se podrán minimizar los daños, y también proteger a la humanidad—.

Agente 44, ¿sabías que…?

¡Existió una familia solar! Llegó con una serie a la televisión en 1966. De Japón para el mundo, llegó la familia Ultraman, nombre genérico que se da a los habitantes masculinos y femeninos nativos del planeta Ultra, un mundo antiguo y avanzado de seres pacíficos, amables y de gran sabiduría, dedicados a mantener el orden y la paz en el universo. Estos seres obtienen su energía de los rayos del sol.

Cuando se hace necesario para un Ultraman visitar la Tierra para defenderla, selecciona a un humano para fusionarse, y lo dota de un dispositivo para transformarse y liberar todos sus poderes. Esta medida se debe a que el ambiente de la Tierra y el del planeta Ultra son demasiado diferentes.

Una vez se convierte en Ultraman, este superhéroe mide 40 metros de altura, puede volar a una velocidad de Mach 5, tiene fuerza potencial para pelear y levantar objetos que pesan 200.000 toneladas, puede disparar rayos de luz azul a sus enemigos, con potencia de 500.000 HP y que arden a 500.000 °C.

Ultraman obtiene su energía de los rayos solares. Sin embargo, cuando está bajo la atmósfera de la Tierra, la energía solar se filtra y Ultraman va perdiendo fuerza, y su energía se debilita gradualmente cuando la usa en combate luchando por proteger la Tierra de monstruos alienígenas. Por fortuna, Ultraman cuenta con un temporizador con una luz ubicada en su pecho, que comienza a parpadear en rojo después de un promedio de tres minutos, para indicarle que su energía se agota. Es ahí cuando Ultraman debe elevarse, salir de nuestra atmósfera y posarse directo frente al sol para recargar su energía y devolverse a la tierra a continuar la batalla contra el mal por el bien y la justicia.

—Willinauta, finalmente ¿qué más puedes comentarme sobre la energía solar?—.

—**El planeta Tierra sonríe cada vez que se instala un panel solar,** porque previene durante sus 25 años de vida útil la emisión de 100 toneladas de CO_2. Superado este periodo de tiempo, sigue funcionando, y aunque su eficiencia para producir electricidad disminuye un 10 % aproximadamente, igualmente sigue contribuyendo con la protección del medioambiente.

El planeta Tierra cuenta con 91.700.000 km de tierra. Para alimentar con energía renovable a todo el mundo, tan solo sería necesario instalar paneles solares en poco más de 307.000 km. Así que evidentemente hay espacio de sobra.

La oportunidad para la energía solar es gratamente sorprendente. Nos encontramos en el primer ciclo de la tendencia de crecimiento estructurado y sostenido de la industria solar. El mundo y su gente cada vez más comprenden que la adopción de energía solar es algo bueno, positivo, seguro y necesario como un nuevo estilo de vida saludable y limpio.

Los humanos del planeta Tierra viven por disposición de la estrella Sol, ella controla todos los aspectos de vida, el clima, la comida, y el cuerpo. Y tú, Consultor Solar, puedes aprovechar todos sus beneficios con fines comerciales para ¡vivir del $ol!—.

—¡Gracias,  WILLINAUTA ! —.

Todo debe simplificarse el máximo posible, y no más.

Albert Einstein

Un vendedor que *hace preguntas* para vender,
en lugar de *hablar* para caer bien,

¿Será un vendedor efectivo?

SEGUNDA PARTE

"Solo sé que no sé nada"

Sócrates - Filósofo

Esta potente frase eficaz propone la idea de que no se tiene la verdad absoluta, y que es importante la disposición y voluntad de aprender, desaprender y reaprender para encontrar el conocimiento por sí mismo.

CAPITULO 1

¿QUÉ ES UNA PREGUNTA?

Un niño en la primera etapa de su vida aprende preguntando el porqué de las cosas. La pregunta es, **¿por qué dejamos ir con el tiempo el apetito por saber?** Con preguntas como las que se haría un niño, pensadores tan humanos como tú y yo han logrado hacer grandes descubrimientos. Lo que marca la diferencia es el carácter por llegar al fondo de las cosas, y una determinada obsesión por conseguir respuestas.

Una pregunta separa lo que fue de lo que será, hasta llegar a la *pregunta poderosa*, esa que propone el salto de una *afirmación* a una *reflexión*.

¿Qué pasaría si corro a la velocidad de la luz?
¿La luz parecería estar quieta?

A los 16 años, Albert Einstein se plantea esta pregunta curiosamente simple. Y no descansó hasta obtener la respuesta. Diez años después de plantearse esta pregunta, a los 26 años, Einstein revoluciona la concepción del espacio-tiempo. Había encontrado la respuesta:

El tiempo es relativo, depende de la velocidad
a la que te mueves

Con preguntas como las que haría un niño e imágenes sencillas, este gran genio cambió la visión del mundo con su Teoría
de la Relatividad, revolucionando la física moderna con su
famosa ecuación:

$$E = mc^2$$

La energía (E) es igual a la masa (m) multiplicada por el cuadrado de la velocidad de la luz (c²).

De mente inquieta y ojos brillantes, **Einstein tenía una
asombrosa habilidad para crear imágenes sencillas** que
hasta un niño podría entender, y extraer de ello imágenes que
cambiarían nuestra visión del Universo. Y ese era su poder: ser
capaz de ver físicamente en una imagen, cosas que los demás
no podían ver. A Einstein le encantaba imaginar mundos
como si fuera del planeta Contentum.

—Agente 44, no esperes ser un Einstein, debes enfrentar el
reto de hacerte preguntas que incluso cuestionen tus propias
creencias. **¡Porque preguntar es aprender!**—.

— Willinauta, **¿qué es una pregunta?**—.

—Conceptualmente, podemos decir que es un enunciado in-
terrogativo, el cual se emite con la intención de conocer algo,
o con la finalidad de obtener alguna información. Interrogante
que se hace para que alguien responda lo que sabe y considera
es la posible respuesta—.

—¿Por qué es importante preguntar?—.

—Porque "preguntando se llega a Roma"… Las preguntas
despiertan el deseo de conocer cosas nuevas, de obtener más

información, estimulan la discusión y el pensamiento creativo y crítico, y ayudan a reflexionar sobre el porqué de las cosas. Las preguntas son una forma importante de aprender—.

—¿Cómo debe empezar una pregunta?—.

—Lo primero que debemos hacer es incluir una palabra clave de forma interrogativa, seguida de un verbo conjugado. Los verbos son palabras que indican *acción* y movimiento; un *estado* o *actitud* como sentir y parecer, o una *situación específica*, condición, suceso. Y cerramos con el sujeto de la oración en la pregunta.

Palabra Interrogativa	Verbo Conjugado	Sujeto de la Pregunta
1ro. Una palabra acorde al sentido de la información que esperamos obtener como respuesta.	*2do. La conjugación es el conjunto ordenado de todas las formas posibles de un verbo en tiempo pasado, presente, y futuro.*	*3ro. Cerrar la oración de la pregunta con el sujeto, es decir, quién o qué hace la acción en la respuesta.*
¿Quiénes	**llegábamos**	a **las metas** en las ventas?
¿Cómo	**sabemos**	que **la energía** solar funciona?
¿Cuántas ventas	**lograremos**	hacer en **equipo** esta semana?

¡Debes saberlo! Absolutamente **todos los verbos conjugados presentan una referencia en un tiempo** pasado, presente, o futuro. Y se refieren a acciones que ya sucedieron, que están sucediendo en el momento, o que sucederán luego—.

—¿Cuáles son esas palabras clave de forma interrogativa para iniciar una pregunta?—.

—Las palabras clave interrogativas más frecuentes al formular preguntas, son unas que todos utilizamos en Contentum y en la Tierra, todo el tiempo, incluso hasta sin darnos cuenta conscientemente se le dan uso con mucha frecuencia. Y son las siguientes:

¿Qué?	*Para relacionar definiciones*
¿Quién?	*Para preguntar sobre personas o sujetos*
¿Cuándo?	*Para indagar sobre una fecha y hora*
¿Dónde	*Para saber sobre un lugar*
¿Cómo?	*Para conocer sobre un proceso*
¿Por qué / Cuál?	*Para saber sobre una razón o explicación*
¿Para qué?	*Para conocer el argumento de una finalidad*
¿Cuántos(as)?	*Para indagar sobre cantidades*

¡Recuerda! Todas estas palabras clave se pronuncian con acento y se escriben con tilde—.

—Willinauta, **¿cómo se hace una buena pregunta?**—.

—Comprende que no hay pregunta mala, solo mal configurada. Lo importante es que las describas de manera concreta, clara y sencilla, sin lenguaje rebuscado, eso sí, procurando mantener la esencia y el sentido comprensible de lo que quieres consultar.

Debes hacer las preguntas correctas correctamente, buscando respuestas útiles y eficaces, **no tengas temor del silencio, el silencio también es una forma de respuesta,** y siempre, siempre, siempre, siempre, debes estar preparado para hacer la siguiente pregunta—.

—¿Cómo es eso de "hacer la pregunta correcta correctamente"? ¿A qué te refieres?—.

—Es preguntar sobre el hilo de la conversación buscando una respuesta acorde al tema, y no formular una pregunta que no conecta con aquello que se está discutiendo—.

—**¿En qué fallamos cuando hacemos preguntas?**—.

—En preguntar por preguntar, como quien busca llenar un vacío, en no prestar atención a una respuesta pensando en la siguiente pregunta. En dejar pasar la oportunidad de preguntar por miedo o pena. En dudar de tu propia capacidad de preguntar, pensando si la pregunta que estás por hacer es una "pregunta inteligente" o no lo es, cuando en realidad no hay preguntas tontas, sino tontos que no preguntan—.

—**¿Existen varios tipos de preguntas, Willinauta?**—.

—Sí, Agente 44, sí existen varios tipos de preguntas. Hay preguntas abiertas, cerradas, retóricas, desafiantes, generadoras, estadísticas, de investigación, capciosas, de indagación y filosóficas, entre otras... ¡Preguntas! ¡Preguntas! ¡Preguntas! ¡Preguntas!—.

—¿Qué son preguntas abiertas?—.

——Son aquellas que no se pueden contestar con brevedad, normalmente con "sí o no", sino que hay que argumentar la respuesta—.

¿Cómo te puedo Ayudar?

—¿Qué son preguntas cerradas?—.

—Son aquellas que se pueden contestar generalmente con respuestas de una palabra como "sí" o "no", "verdadero" o "falso"—.

¿Es usted el dueño de la casa?

—¿Qué son preguntas capciosas?—.

—Son aquellas que tienen un ardid, una caída, un truco, y que son formuladas con el objeto de provocar confusión para hacer creer que la respuesta es sencilla, cuando en realidad no lo es. En algunos casos, la pregunta tiene la respuesta de forma encubierta—.

¿De qué color es el Sol?
¿Es verdad que Sol comienza con S y termina con T?

—¿Qué son preguntas de indagación?—.

—Son aquellas que buscan respuestas más elaboradas a partir de cierto conocimiento. Y deben ser formuladas de forma directa, aunque es recomendable darle rasgos de entretenida y seductora, en miras de generar expectativas, para que la respuesta no sea obvia sino explicada—.

¿Qué necesita para dar el paso a la energía solar en su hogar?

—¿Qué son preguntas retóricas?—.

—Son aquellas que no exigen una respuesta, al menos inmediata. Y que se emiten de forma elegante con el fin de deleitar, conmover o persuadir. Su principal efecto persigue que la persona saque su propia conclusión sin pronunciar palabra alguna. Se utilizan por lo general para hacer una observación más que para encontrar una respuesta—.

¿Acaso estamos obligados a aguantar los constantes aumentos de
electricidad como si no tuviéramos otra opción?

—¿Qué son preguntas generadoras?—.

Son aquellas que buscan despertar el asombro, favoreciendo el pensamiento crítico y provocando cuestionamientos—.

¿Cree usted tener idea de cuánto dinero está dejando de
disfrutar por entregárselo a la compañía eléctrica?

—¿Qué son preguntas de investigación?—.

—Son aquellas claras y enfocadas en un solo tema de investigación y deben ser muy específicas, para conducir a la respuesta por un proceso de análisis de evidencias. Una buena pregunta de investigación es realista en tiempo y alcance—.

> *¿Cuáles cree usted que son las causas del aumento en la electricidad? ¿Hasta qué punto cree que el sostenido aumento de la electricidad sucederá? ¿Qué hará para que bajar su gasto de electricidad sea una realidad?*

—¿Qué son preguntas desafiantes?—.

—Son aquellas que enfocan la atención en lo que es importante, de interés, entre la información que es relevante y la que no lo es—.

> *¿Qué es lo más importante, tener electricidad o ser el propio dueño de la electricidad en casa?*

—¿Qué son preguntas estadísticas?—.

—Son aquellas que pueden tener variedad de respuestas a base de números, tendencias o categorías, haciendo análisis de datos, comparando información, para encontrar respuestas significativas que ayuden a tomar mejores decisiones—.

> *¿De cuánto CO_2 se libra el planeta Tierra con la energía solar?*

—¿Qué son preguntas filosóficas?—.

—Son aquellas que persiguen una respuesta que no requiere ser concreta y determinada, sino que da espacio al debate, a la reflexión, e incluso a la polémica. Son preguntas que nos conducen por el buen camino de la Pregunta Poderosa—.

¿Qué pasa después de la vida útil del panel solar? ¿El panel solar concentrando radiación solar en mi techo me provocará cáncer? ¿Cómo se puede medir la cantidad de silicio en la tierra? Si el silicio existe, ¿Quién creó el silicio?

—¡Guau, Willinauta! ¡Preguntas! ¡Preguntas! ¡Preguntas! ¡Preguntas!—.

—Así es, Agente 44, acabas de ver algunos tipos de preguntas según la información que queremos conseguir. Sin embargo, nada se compara con la pregunta de las preguntas, aquella que hace mover el pensamiento de un estado de *afirmación* a la *reflexión*—.

—¿Cuál es esa pregunta?—.

—**La Pregunta Poderosa…** Y para llegar a la Pregunta Poderosa, solo tenemos que hacer una sola cosa: *¡Preguntar! ¡Preguntar! ¡Preguntar! ¡Preguntar!*—

—**¿Qué es una pregunta poderosa?**—.

—**Es aquella que busca pasar una afirmación a la reflexión,** con el propósito de obtener una *idea clara* de lo que realmente piensa la otra persona, guiándolo con preguntas para que encuentre el conocimiento por sí mismo. **La Pregunta Poderosa tiene la cualidad de reunir más de un tipo de pregunta a la vez.** Por lo general, preguntas abiertas, generadoras, desafiantes, de indagación, investigación y filosóficas—.

—¿Cómo llego a la Pregunta Poderosa?—.

—Para realizar este tipo de preguntas no debes quedarte con lo primero que te responden, debes *¡Preguntar! ¡Preguntar! ¡Preguntar! ¡Preguntar!* ¡Ir más allá! Profundizar, indagar en qué quiso decir, por qué lo dijo, cuál es su enfoque, en qué está pensado. Debes preguntar de forma amigable, persuasiva, y locuaz, con elocuencia, y *nunca* en modo de interrogatorio, ni incisivo, ni invasivo—.

—¿Cómo sé que ya llegué a la Pregunta Poderosa?—.

—Cuando has logrado que la otra persona tome interés, quiera saber más, **cuando se permite revisar por sí misma una afirmación** que ha hecho para darle oportunidad a la reflexión, has llegado a la Pregunta Poderosa. Y muchas veces la Pregunta Poderosa aparece después de haber hecho la primera pregunta. Incluso también se da el caso que la primera pregunta sea poderosa. Todo depende del contexto en que se esté dando la conversación—.

—¿Cómo podemos ir más allá con preguntas poderosas?—

—Agente 44, acabas de hacer una *Pregunta Poderosa*: "¿Cómo podemos ir más allá?" Pregunta abierta, generadora, desafiante, de indagación, investigación y filosófica. ¡Acabas de ir más allá!—.

—**¿Qué es y qué no es una Pregunta Poderosa?**—.

—¡Oportuna pregunta! Es muy importante poder diferenciar a tiempo *lo que es* de *lo que no es* una Pregunta Poderosa. Debes saber que, **si es una pregunta poderosa**, toda pregunta que le da la oportunidad a la apertura del pensamiento. Por lo general son preguntas, *abiertas, generadoras, desafiantes, de indagación, investigación, y filosóficas*, ¿Por qué cree que esa probabilidad pueda ocurrirle? Y **no es una pregunta poderosa**, toda pregunta que retenga la oportunidad de ir más allá. Por lo general son preguntas, *cerradas, retóricas, estadísticas, o preguntas conflictivas*, ¿Cree que esa probabilidad pueda ocurrirle?—.

—La Pregunta Cerrada, ¿no es una Pregunta Poderosa?—.

—¡No lo es! Una Pregunta Poderosa aplicada desde la mayéutica de Sócrates busca ampliar el pensamiento para conducir una *afirmación* hacia una *reflexión*, en tanto que una pregunta cerrada "cierra" tal posibilidad. La Pregunta Cerrada es útil para dar cierre a una conversación, y tiene un lugar muy especial en el proceso de ventas—.

—Willinauta, **la Pregunta Cerrada, ¿es útil en las ventas?**—.

—**¡Absolutamente sí! Y tiene su espacio apropiado.** La Pregunta Cerrada utiliza verbos en tiempo presente y es particularmente útil cuando se utiliza como *pregunta final* para:

- Cerrar la objeción: ¿Ha sido suficiente con mi información?

- Pregunta Cerrada con primera frase de impacto: ¿Estaría bien si ahorra en gastos de electricidad?

- Y, durante el proceso de cierre de ventas: ¿Está listo para cambiarse a energía solar hoy?—.

—**¿Los vendedores hablan o preguntan?**—.

—¡Preguntan! ¡Preguntan! ¡Preguntan! ¡Preguntan!

Los vendedores no hablan, **¡Preguntan!**

Los vendedores no hablan, **¡Observan!**

Los vendedores no hablan, **¡Escuchan!**

Los vendedores no hablan, **¡Sienten!**—.

—**¿Cuál es la finalidad de preguntar en lugar de hablar?**—.

—La finalidad es obtener una IDEA CLARA de lo que quiere el cliente; por eso el vendedor, **al escuchar la objeción, debe interpretarla como una pregunta** que se traduce en la manera en que el prospecto pide más INFORMACIÓN y que le conduce a esa *idea clara* de la necesidad real del prospecto.

Así pues, Agente 44, **un vendedor que hace preguntas para vender en lugar de hablar para caer bien es un vendedor efectivo**, que comprende y admite su propio "Solo sé que no sé nada"—.

—Entonces, **¿con la Pregunta Poderosa es algo así como "Solo sé que no sé nada"?**—.

—¡Exacto! Porque se es consciente del desconocimiento. Los humanos del planeta Tierra tienen la tendencia a hablar para decirles a otros lo que saben en lugar de preguntar, y es así como las conversaciones terminan definiéndose más por lo que se dice que por lo que se pregunta, lo que limita la posibilidad de explorar y afianzar relaciones—.

—¿"Ser consciente del desconocimiento"? Es decir, ¿de que "Solo sé que no sé nada"?—.

—¡Sí! Y para comprender mejor que **"Solo sé que no sé nada"** abordemos de nuevo el cohete *Dextiny Time*, esta vez utilizaremos la función VDT -*Viajero Del Tiempo*- para ir al pasado a la antigua Grecia, al siglo V antes de Cristo. Aunque el "Delorian" también nos serviría para llegar a esos tiempos. ¡Alístate, 44, que ya nos vamos de viaje!—.

—¡Súper! Willinauta, ¿qué vamos a hacer cuando lleguemos a Grecia?—.

—Entraremos a una clase de filosofía, de esas donde se definieron algunas de las ideas que hoy son piedra angular de la cultura occidental del planeta Tierra. Y vamos a entrar al salón de clases del gran filósofo Sócrates para conocer "La Mayéutica"—.

—**¿Quién fue Sócrates?**—.

—Agente 44, Sócrates fue un filósofo griego. Uno de los más grandes de la filosofía occidental como de la universal, que vivió entre el 470 a 399 a.C. Se le considera el padre de la filosofía política y de la ética. Su nombre significa "El de un poder sano e intacto"—.

—Y, **¿cuál es la mayor contribución de Sócrates?**—.

—Su contribución más importante al pensamiento occidental es **el modo dialéctico de indagar, de ir más allá,** de preguntar y repreguntar, de hacer la *Pregunta Poderosa,* con una forma conocida como el "Método Socrático o la Mayéutica de Sócrates"—.

—¡Guau! ¡Sócrates y la Pregunta Poderosa!—.

—Debes Saber, mi estimado agente, que la historia de Sócrates y la Pregunta Poderosa divide al conjunto de los pensadores anteriores a Sócrates como "Presocráticos", y a los influenciados por Sócrates en "Socráticos Mayores". Cuando un vendedor comprende y aplica la mayéutica para utilizar la Pregunta Poderosa se convierte en un vendedor del tipo "Socrático Mayor", como todo un *Einstein de mente inquieta*—.

—Willinauta, **¿qué es la mayéutica?**—.

—Mayéutica, en griego, se refiere al parto, y esto lo aprendió Sócrates de su madre que era comadrona. Básicamente, Sócrates compara el nacimiento, el parto, con la idea de dar a luz el conocimiento.

Y es con esta idea que Sócrates crea un método considerado por su escuela como una virtud para el llegar al conocimiento y la sabiduría, que se da cuando el maestro no contradice al alumno, y en su lugar logra que este descubra conocimientos y verdades por sí mismo a través de un diálogo con base a preguntas y repreguntas—.

—¿Un diálogo con base en las preguntas y repreguntas? —

—¡Sí! Un diálogo entre dos personas con el firme objetivo de que **uno, en lugar de contradecir al otro, lo ayude a recordar o encontrar el conocimiento por sí mismo** a través de preguntas y repreguntas que logren pasar una afirmación a la reflexión—.

—¿Es lo mismo repreguntar que replantear?—.

—¡NO! **No es lo mismo**, y se debe tener especial atención con este detalle. **Repreguntar** es seguir el hilo conductor o parafrasear, con preguntas cuya finalidad es seguir una secuencia sistemática que busca contrastar y verificar para completar la indagación hasta lograr la reflexión. En tanto que **Replantear** es aclarar lo que no parece claro desde otra perspectiva, planteando de nuevo un asunto o afirmación con base en una diferencia. Esto se logra partiendo de nuevo con una pregunta poderosa. —.

—¡Genial! ¡No contradecir!—.

—Y eso es lo que persigue precisamente **La Pregunta Poderosa, una forma hábil e inteligente para no contradecir un tema, opinión o afirmación.** La finalidad es lograr pasar con preguntas y repreguntas una afirmación a la reflexión para que la otra persona encuentre respuestas por sí misma. Y en el mundo de las ventas cada objeción brinda una maravillosa oportunidad a la Pregunta Poderosa. ¡Hablar no es vender, preguntar es vender!—.

—¡Mira, Willinauta, ya va a empezar la clase!—.

—Agente 44, ssshhh, hagamos silencio y escuchemos con atención al maestro Sócrates—.

—*Bienvenidos, apreciados discípulos. Hoy vamos a ver un clásico ejemplo de mayéutica. Recuerden que no se debe contradecir la opinión de la otra persona, y que el objetivo es que con una o más preguntas, esta persona encuentre el conocimiento por sí mismo. Matías, pasa al frente, entiendo que quieres decirme algo—.*

—Sí, maestro: "Yo soy el hombre más valiente del planeta Tierra, y aunque en el futuro se inventen un Supermán, yo seguiré siendo el hombre más valiente sobre la Tierra"—.

Sócrates no contradijo a Matías, solo lo miró calmado, y con voz pausada, simplemente le preguntó:

—Matías, ¿tú cómo definirías la valentía?—.

Luego de preguntar, Sócrates explicó a sus alumnos:

—Como ven, discípulos, de este modo y con esta sencilla, y sin embargo, potente Pregunta Poderosa, que no contradice a Matías en su afirmación de ser el hombre más valiente del mundo, Matías sin proponérselo, ve una luz que lo invita a pasar de su afirmación a una reflexión ¡Sí o Sí!

Mis queridos discípulos, tengan siempre en cuenta la base principal de este método. A Matías no hay que contradecirlo, hay que ayudarlo a ver la luz con preguntas. Y si Matías se equivoca, hacemos repreguntas, hasta que Matías dé a luz el conocimiento por sí mismo, reconozca que no sabe nada, y empiece a ser sabio—.

—¡Willinauta, qué extraordinaria lección: **"Solo sé que no sé nada"**—.

—Así es, Agente 44, y lo más extraordinario es el "El Poder de lo Simple" presente en la mayéutica de forma magistral con preguntas poderosas.

Bueno, ya es momento de abordar al cohete *Dextiny Time* y aplicar de nuevo la función VDT para ¡volver al futuro!, a nuestro tiempo. Con esta información que traemos de Grecia ahora vamos a introducir las coordenadas para dirigirnos de visita al **planeta Calidum**, vecino del planeta Contentum, en el sistema solar de la estrella Altair en la Galaxia Heros.

El planeta Calidum por su fuerte calor es similar a Venus, que es el planeta más caliente del sistema solar del sol con una temperatura de +453°C. ¡Venus brilla! Y es brillante debido a sus espesas nubes de partículas de ácido sulfúrico que reflejan la mayoría de la luz solar que lo alcanza, por eso desde la Tierra es el objeto más incandescente que se puede ver después del Sol y la Luna. Un día en Venus son 243 días de la tierra, y tarda 225 de sus días en darle la vuelta al sol. Este planeta debe su nombre a los romanos, que decidieron llamarle Venus en honor a la diosa del amor, y que es equivalente a la diosa griega Afrodita.

Como ves, **Calidum es un mundo caliente, de fuego, y hogar de las objeciones,** esas que dicen los clientes cuando quieren poner cierta resistencia en un proceso de ventas. Sin embargo, Calidum también es una maravillosa oportunidad de brillar cuando se aprende a superar las objeciones—.

CAPITULO 2

LAS OBJECIONES

¡Bienvenido al Planeta Calidum!

—Agente 44, **es muy poco usual una venta sin objeciones.**
La inexistencia de objeciones es falta de interés, y si no hay
interés no hay venta posible, por lo que es necesario hacer
una visita al planeta Calidum, visita fundamental para las
preguntas de esta segunda parte del libro y para comprender
mejor las objeciones—.

—Willinauta, ¡cuéntame del planeta Calidum!—.

—Calidum, por ser planeta y no estrella, ¡sí está hecho de
fuego! Aquí el abrasador calor va al ritmo de las objeciones,
unas tan calientes como un feroz volcán, otras tan solo como
agua caliente de un manantial de azufre. En Calidum las calles
botan fuego; de hecho, este planeta es **la "Zona Caliente" de
la galaxia donde nacen las objeciones,** y crecen en todas las
formas y tamaños. Sus habitantes en ocasiones se muestran
agresivos, aunque muchas veces es solo un escudo para poner
resistencia en un proceso de ventas. Si logras salir con éxito del
planeta Calidum, regresas a la Tierra brillando para cerrar la
venta. Por eso, sea cual sea el tipo de objeción, es fundamental
prepararse para todas—.

—Willinauta, ¿el planeta Calidum es como el infierno?—.

—¡NO! Sin embargo, puede llegar a serlo—.

—¿Cuándo se convierte Calidum en el infierno?—.

—**Cuando el vendedor sale a vender sin una debida formación que lo prepare a los embates del abrasador calor de las objeciones.** A la primera objeción que no pueda transitar con éxito, pierde motivación. Como resultado, piensa en abandonar la nave y decirse *"Esto no es lo mío"*, y así es como llega a sentirse en el "infierno", ese lugar donde los desafortunados vendedores van condenados a sufrir el castigo por un entrenamiento ineficaz, y en muchos casos hasta inexistente—.

—**¿Quiénes son los vendedores que más venden?** ¿Los que tienen mayor o menor motivación?—.

—En todo el supercúmulo de Laniakea lo saben: **los que tienen mayor motivación.** Y los vendedores están más motivados cuando se sienten más capacitados, con habilidades y destrezas para obtener mejores RESULTADOS—.

—Entonces, ¿un superentrenamiento es necesario para evitar el infierno?—.

—Agente 44, tan negativo como un entrenamiento ineficaz, como no entrenar o entrenar poco al cuerpo de ventas, también es el "sobreentrenamiento", ese donde se pasan horas y horas de charlas y discursos y no terminas de salir al campo para comenzar el proceso real de ventas. **Debe existir un equilibrio entre el resultado que se espera obtener y la capacitación necesaria para lograrlo**—.

—Comprendo, y **¿qué es una objeción?**—.

—Las objeciones son obstáculos en forma de afirmaciones, dudas o excusas. Y nunca deben considerarse rechazos—.

—¿Cómo se debe interpretar una objeción?—.

—**Se debe escuchar la objeción para interpretarla como una pregunta** que se traduce en la manera en que el prospecto pide más información. Ante las objeciones, la principal tarea es mostrar actitud, ser educado, paciente, cordial y optimista, hacer preguntas poderosas desde la elocuencia y escuchar con especial atención las respuestas. De esta manera se abren más probabilidades para encontrar la duda real presente en el prospecto—.

—¿Y si no hay objeciones?—.

—Si no hay objeciones tampoco habrá interés, y si no hay interés no habrá venta posible. Las objeciones son tan normales y predecibles como que el sol sale por el este y se oculta por el oeste. En las ventas la objeción es una parte normal del proceso—.

—¿La objeción es algo personal contra él vendedor?—.

—**Las objeciones no van dirigidas al vendedor. ¡No son personales!** El prospecto apenas conoce al vendedor, quizá es la primera vez que lo ve. Las objeciones son la forma en que el prospecto pide *información*—.

—¿Cómo se trata una objeción?—.

—**Las objeciones no se cuestionan.** Tienen que ser tratadas como solicitud de información adicional, y solo eso, información—.

—¿Qué representa una objeción?—.

—**Las objeciones representan una oportunidad**, porque son un medio para obtener información con Preguntas Poderosas, aquellas que mueven al prospecto de la *afirmación a la reflexión* con preguntas y repreguntas—.

—¡OK. Willinauta! Comprendo, déjame decirlo yo…

- Las objeciones son obstáculos en forma de dudas o excusas. Y son la forma en que **el prospecto pide información**

- Las objeciones no se cuestionan. Son la forma en que **el prospecto pide información.**

- Las objeciones no son rechazos. Son la forma en que **el prospecto pide información.**

- Las objeciones no son personales. Son la forma en que **el prospecto pide información.**

- Las objeciones son una excelente oportunidad para **pasar de la afirmación a la reflexión.**

—¡Muy bien, Agente 44! —.

—¿Cuántos escenarios de objeciones existen?—.

—Existen al menos tres escenarios de objeciones por los que pudieran pasearse algunos prospectos. Estos son: el de las **Objeciones Imaginadas,** aquellas que presuponen algo que puede no ocurrir y que por lo general el prospecto sobredimensiona; **Objeciones Pretendidas,** esas que el prospecto formula muy a propósito para poner a prueba al vendedor, y **Objeciones Válidas,** las que constituyen razones reales por las que **no es momento** en que el prospecto pueda darle un sí a la compra—.

—¿Cuántos tipos de objeciones existen?—.

—Existen varios tipos de objeciones, entre las principales tenemos las que están con relación al precio, la calidad, la competencia, la capacidad, la reputación, la novedad, la confianza, la necesidad, la indecisión, de información, y de tiempo—.

—**¿Qué sí es y qué no es una objeción?**—.

—¡Otra pregunta oportuna, Agente 44! Es muy importante diferenciar una objeción de la que no es. Se debe conectar con la *Objeción Real*, entenderla y resolverla con éxito. Porque **no es lo mismo una objeción que una condición.** En este sentido debes tener en cuenta que **una objeción es** un obstáculo, un problema que tiene solución. un juicio anticipado que tiene el cliente sobre la propuesta o la empresa. Y que el vendedor debe estar en capacidad de responder. Ejemplo: *La energía solar es muy costosa*. Por otra parte, **una condición es** un motivo que imposibilita y que le impide al prospecto, aunque quiera, hacer la compra. Es una razón genuina. Y en esta situación el vendedor no tiene alcance para brindar una solución. Ejemplo: *¡No es propietario del inmueble!* —.

—Willinauta, entiendo que es muy positivo tratar las objeciones como preguntas—.

—¡Exacto! **Escuchar la objeción e interpretarla como pregunta que se traduce en solicitud de más información** para *no contradecir* la opinión del prospecto resulta positivo. El vendedor no debe intentar resaltar que él sí sabe, porque al prospecto no le interesa cuánto sabe el vendedor, lo que le interesa es cuánto de eso que sabe le traerá en beneficios a su vida. Y si el vendedor le dice esa información conectada con los beneficios en forma de preguntas afirmativas a su prospecto, conseguirá las llaves de la ciudad—.

—¿Es posible lograr menos objeciones del prospecto?—.

—¡Sí! **A mayor afinidad, conexión y empatía con el prospecto, se logra una sintonía emocional que genera una relación positiva entre ambos**, lo que dará lugar a menos dudas y desconfianza por parte del prospecto—.

—Y ¿cómo se logra esa conexión?—.

—Para conectar empáticamente con el prospecto y crear afinidad, lo que debe hacer el vendedor es **ganarse la confianza**

con base a información confiable, no contradecir las afirmaciones del prospecto, ni decir algo con lo que el prospecto esté en desacuerdo. En su lugar, debe hacerle ver que piensa como él, y que ve el mundo desde su misma perspectiva. Y lo más importante, ha de asegurarle que se va a *cumplir la promesa* de los beneficios propuestos, y por ninguna causa mentir u omitir verdades—.

—Dime, Willinauta, ¿hay alguna forma eficaz para salirle al paso a las objeciones?—.

—¡Sí! Y **esta forma eficaz se enfoca en identificar la trayectoria de la objeción para obtener la idea clara** dando respuesta a preguntas como: ¿Qué busca esa objeción? ¿Cuál es la ruta que persigue? ¿Qué hay detrás de la objeción? ¿Hacia dónde se inclina el peso de la objeción?—.

CAPITULO 3

LA FÓRMULA T

—Hay muchas técnicas para trabajar las objeciones, unas muy eficaces y efectivas, otras no tanto. Lo que marca la diferencia es la forma rápida y eficaz en que el vendedor pueda **comprender la *trayectoria* de la objeción** que le acaban de decir. Y para eso una sencilla fórmula resulta útil—.

—¿Cuál es esa fórmula útil para comprender la trayectoria de la objeción?—.

—Te estoy hablando de **La Fórmula T,** Agente 44. En el planeta Contentum tenemos especial admiración con los logros alcanzados por los humanos de la Tierra en la exploración espacial. Cuando el primer humano llegó a la luna, este pequeño paso para el hombre, que significó un gran salto para la humanidad, trazó una línea entre el antes y el después de la era espacial. Y una persona fue determinante para este gran salto, se trata de Katherine Johnson—.

—Willinauta, **¿quién es Katherine Johnson?**—.

—Katherine Johnson (EEUU 1918 – 2020) fue una Ingeniera Física, Científica Espacial, y Matemática de la NASA. **Y es gracias a esta mujer que el hombre llegó a la luna**—.

—¿El hombre llegó a la luna gracias a una mujer?—.

—Sí, amigo mío. Eso fue posible gracias a esta brillante mujer que **calculó la trayectoria del cohete Saturno V de la misión Apolo 11.** Y la misión a la Luna en Julio de 1969 fue todo un éxito. Katherine tuvo que sortear cualquier tipo de objeciones para poder ingresar a la NASA. Para una mujer afroamericana era todo un desafío lograr un lugar en la agencia espacial por aquellos días. Sin embargo, con su carácter y determinación mantuvo la fortaleza necesaria para superar las objeciones y dificultades de un ambiente hostil, para demostrar su talento y hacer tan impresionante cálculo.

—Qué interesante. **¿Y cuál es el objetivo de la Formula T?**—.

—Lograr lo mismo que Katherine Jonhson: calcular la *trayectoria* y tener como resultado un viaje exitoso. En este sentido el objetivo de la Fórmula T es utilizar la Pregunta Poderosa para **calcular rápidamente la *trayectoria de la objeción* y obtener un resultado exitoso** en el proceso de venta—.

—¿Calcular es adivinar?—.

—No, no se trata de adivinar. Se trata de preguntar y repreguntar para calcular bien *la trayectoria* de la objeción; hacia dónde se dirige, qué persigue —.

—Explícame, por favor, ¿en qué consiste la Fórmula T?—.

—Es una ecuación hecha metáfora que **consiste en comprender la trayectoria de las objeciones en Ventas.** Vendedor, por favor, observa la siguiente imagen por unos segundos, antes de avanzar centra tu visión en cada icono. Intenta descifrar su significado. Es importante que memorices cada icono que compone la imagen de la fórmula y la recuerdes en todo su conjunto—.

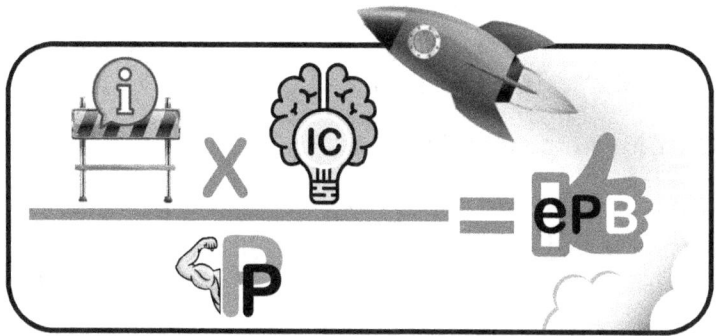

Ahora vamos a despejar la ecuación. Comencemos por conocer el significado de cada ícono:

 **REPRESENTA LA OBJECIÓN** *Este ícono de una valla "obstáculo", que tiene un símbolo de "Información" es la Objeción.* **Objeción:** *Son dudas o excusas. Y deben ser tratadas como* **solicitud de información** *adicional y no como obstáculos.*

 **REPRESENTA LA IDEA CLARA.** *Este ícono de un cerebro con un bombillo es el mensaje oculto o* **"Metamensaje"** *detrás de la objeción. La Idea Clara: Es el* **motivo real de la objeción** *y debemos pensar rápido en qué quiere decir el prospecto cuando pronuncia la objeción.*

—¿Qué es un metamensaje?—.

—Agente 44, el metamensaje es algo que decimos dentro de un mensaje de manera indirecta, y que representa el Mensaje Meta, mensaje final real dentro de la oración. Esta **es una forma en que las personas dan "luces" de información,** expresan sentimientos, puntos de vista ocultos, y forma de pensar de fondo. Cuando tenemos sentimientos especiales por otra persona, y mientras logramos el valor para decirle sobre esos sentimientos, nos hacemos expertos en metamensajes—.

—¿Y los prospectos utilizan metamensajes?—.

—Sí, los prospectos utilizan metamensajes en las objeciones, en ocasiones de forma inconsciente. Es tarea fundamental del vendedor descifrar el metamensaje para descubrir la *idea clara de la objeción*, es decir, la objeción real, su trayectoria, lo que hay de fondo en ese obstáculo—.

REPRESENTA LA PREGUNTA PODEROSA.
*Este ícono de brazo musculoso es la fuerza de la Pregunta Poderosa. Útil para resolver la idea clara de la objeción. Y pasar una **afirmación** a la **reflexión**, para que el prospecto encuentre la respuesta por sí mismo.*

—**¿La Pregunta Poderosa es la protagonista de la Fórmula T?**—.

—¡Sí!... ¿Todos sabemos quién fue el primer humano en pisar la Luna?—.

—¡Sí, claro! Neil Armstrong, el 20 de julio de 1969—.

—¡Exacto! Neil Armstrong es absoluto protagonista de ese gran salto para la humanidad. De igual forma es la Pregunta Poderosa absoluta protagonista de la ecuación. No es posible aplicar la Fórmula T a la objeción si no prestamos atención en *Observar, Escuchar, Sentir* lo que dice el prospecto, para descifrar la *idea clara* que hay detrás de la objeción y que le abre camino a la Pregunta Poderosa, esa pregunta que va impulsando una respuesta desde la Experiencia Positiva (eP) y/o de un Beneficio (B)—.

REPRESENTA LA EXPERIENCIA POSITIVA O BENEFICIO.

Este ícono con el pulgar hacia arriba es la respuesta a la objeción, desde una **Experiencia Positiva:** *Contar un hecho real de un cliente satisfecho. Beneficio: Resaltar los beneficios que se obtienen y argumentar por qué debería tomar la propuesta.*

—¿Qué implica contar una Experiencia Positiva?—.

—Implica contar una experiencia positiva de un cliente o de varios clientes con la finalidad de crear confianza y ambiente de tranquilidad en el prospecto (si a otros les ha ido bien, a él también le irá bien). Para lograr este efecto, la respuesta del vendedor debe considerar tres aspectos dentro de su respuesta que le ayudarán a conectar positivamente con el prospecto. El vendedor debe utilizar palabras clave como:

¡Observaron!	*¡Escucharon!*	*¡Siente – Sintieron!*

También son útiles sinónimos que logren el mismo objetivo, como: *imaginar, visualizar, ver, oír, sonido, sensación, sentimiento, confianza, tranquilidad, seguridad, etc—*.

—¿Cómo sería un ejemplo de Experiencia Positiva?—.

—Agente 44, este es un ejemplo que aplica para este tipo de respuesta, siempre agregando palabras relacionadas a la objeción.

"Comprendo cómo se siente, así se sintieron algunos de nuestros clientes; luego escucharon que sí cumplimos responsablemente lo que ofrecemos, y fue cuando observaron que la expectativa fue ampliamente superada por nuestra calidad y servicio"

—¿Por qué las tres palabras clave son **Observaron, Escucharon y Sintieron**?—.

—**Porque son los principales sistemas de representación por el que los humanos recogen, almacenan y codifican la información** en la mente para *aprender, desaprender y reaprender*. Siempre que se utilicen palabras relacionadas a *ver, oír, sentir (gustar y oler)* despertarán el interés y curiosidad de la otra persona. Y es con esa clase de respuestas que podemos asegurar una mayor comprensión con el cliente.

El orden en que se utilicen las palabras clave para activar los sentidos no afecta el resultado esperado, de hecho, no siempre es posible incluirlas todas, lo importante es darles el uso apropiado dentro de una respuesta—.

—**¿Qué implica decir un beneficio?**—.

—Implica que un vendedor debe comprender que el propósito de los negocios es resolver problemas, que la gente no compra productos, compra beneficios; no compra problemas, compra soluciones; no compra dudas, compra tranquilidad; compra las formas más positivas de satisfacer sus necesidades. Es por estos motivos que el vendedor debe concentrar toda su atención en acercarse con los beneficios a las necesidades del cliente—.

Problema: *Altos cargos en la factura de electricidad, que año tras año siempre va en alza.*

Solución: *Cambiarse a energía solar para ahorrar en gastos de electricidad con una factura más baja y fija en el tiempo.*

Beneficio: *Ahorrar sostenidamente en el tiempo en gastos de electricidad.*

—¿Existe un Beneficio Clave?—.

—En cada negociación, en cada proceso de venta, existe un beneficio que predomina según la necesidad del prospecto, siempre hay un *beneficio clave* para conectar con el prospecto. La tarea del vendedor es descubrir oportunamente ese beneficio clave para luego dárselo a conocer y demostrarle que solo con su propuesta disfrutará al máximo de ese beneficio. (En este caso, ahorrar en gastos de electricidad al cambiarse a energía solar*)*—.

—¿Cómo se llega al Beneficio Clave?—.

—¡Fácil! Descubriendo la Objeción Clave—.

—**¿Cuál es la Objeción Clave?**—.

—Aquella en la que el prospecto hace mayor énfasis, esa a la que siempre quiere regresar, y que es la causa por la que duda comprar—.

—¿Cómo se llega a la Objeción Clave?—.

—Como hemos venido conversando, **con preguntas y repreguntas el vendedor debe ir perfilando hacia dónde se inclina la balanza, dónde hace mayor peso el obstáculo, qué trayectoria** está tomando la necesidad de información: ¿la del precio? ¿la de la calidad? ¿la de no funciona?... etc. Ahí es donde está la *Objeción Clave*—.

—¿Cómo se responde una Objeción Clave?—.

—Sin ambigüedades, sin sobredimensiones, con una respuesta clara, satisfactoria, precisa y contundente de cómo la propuesta del vendedor es la solución al problema, a esa situación que lo detiene para cerrar el trato. *¿Está pagando un monto alto en electricidad? – Mi objetivo es lograr que usted obtenga* *grandes beneficios económicos al cambiarse a energía solar. ¡Se lo garantizo!—.*

—Entonces, ¿**cuál es la principal razón por la que el prospecto compra?**—.

—La razón principal es **obtener beneficios.** Y este deseo por obtener beneficios es un comprensible deseo por estar mejor. A partir de ahí es que el acto de vender y comprar es un acto emocional.

Vendedor, no lo olvides: la gente compra por sus razones, no por las tuyas. Siempre debes hablar de la energía solar en función de lo que el cliente quiere obtener de ella, y no en función del Sistema de Energía Solar que estás vendiendo—.

—**¿Qué debe lograr un vendedor con habilidad?**—.

—El vendedor con su habilidad debe lograr demostrarle al cliente cuánto mejor, más seguro y más tranquilo puede estar luego de cambiarse a la energía solar, y cuánto peor estará si se rehúsa hacerlo—.

—Comprendo, Willinauta, y es que está confirmado que **las decisiones de compra son 100 % emocionales,** lo racional viene después, porque la gente busca la lógica luego de haber comprado, para justificar y racionalizar su acción de compra—.

—¡Muy bien, Agente 44! —.

—**¿Cómo se puede iniciar la descripción de un beneficio?**—.

— Antes de pronunciar un beneficio clave o una experiencia positiva, **el vendedor debe iniciar la oración con una primera frase de impacto. Las primeras palabras son la diferencia entre captar la atención o pasar al olvido.** Una frase corta y potente en la que el peso del mensaje esté en una palabra central. Por ejemplo, "exactamente". Esta palabra refleja precisión, seguridad, compromiso, atención, conocimiento del negocio, a la par de proporcionarle algo de tranquilidad al cliente. Otra palabra útil es "Somos", porque le da sentido de integridad y pertenencia a la propuesta del vendedor—.

¡Es exactamente	lo que hacemos!
¡Es exactamente	lo que cumplimos!
¡Es exactamente	lo que logramos!
¡Es exactamente	lo que somos!
¡Es exactamente	lo que evitamos!

¡Somos más que eso!	Somos únicos en...
¡Somos más que eso!	Somos su garantía de...
¡Somos más que eso!	Somos tendencia en...
¡Somos más que eso!	Somos líderes en...
¡Somos más que eso!	Somos responsables de...

—Willinauta, **la primera frase de impacto... ¿se puede formular como pregunta?**—.

—**¡Sí! Y por lo general desde una pregunta cerrada.** El vendedor debe tener especial atención con la pregunta cerrada para una primera frase de impacto. Esta debe procurar como respuesta una afirmación favorable a la venta sí o sí, **para que le abra el camino a la Pregunta Poderosa,** esa en la que el prospecto contará su historia pasando de la afirmación a la reflexión. De lo contrario será un suicidio para la venta—.

—**¿Cómo sería una pregunta con primera frase de impacto?**—.

—Lo primero que debe considerarse en una frase de impacto es una **afirmación positiva,** para obtener una respuesta positiva. Por ejemplo: "¿Estaría bien si____? ¿Le gustaría tener el control ____?". Aquí las palabras clave dentro de la frase son "Bien"(todos queremos estar bien) y "Control" (todos queremos tener el control).

- ¿Estaría bien si pudiera pagar menos por electricidad?

- ¿Estaría bien si obtiene crédito a favor en kilowatts?

- ¿Le gustaría tener el control absoluto sobre su consumo eléctrico?

- ¿Le gustaría tener el control de sus finanzas con un pago fijo por electricidad?—

—¡Guau! Las palabras clave son poderosas y se conectan con afirmaciones positivas—.

—¡Lo has entendido muy bien! Hay palabras clave que son poderosas y que conectan, y hay palabras débiles que desconectan. Los humanos del planeta Tierra y del planeta Contentum **somos ingenuos al creer que nuestro lenguaje es inocente.** Cada palabra y la emoción con la que se expresa tiene un particular impacto, tiene vida propia—.

—**¿Las palabras nos dan la oportunidad o nos la quitan?**—.

—Ambas opciones. **Las palabras nos dan la oportunidad o nos la quitan.** Por eso es de vital importancia que el vendedor seleccione de forma anticipada y cuidadosamente las palabras clave que se utilizan frente a un prospecto. Las palabras del vendedor al responder una objeción deben disipar dudas y alejar preocupaciones, y en su lugar proponer *confianza, garantía, y tranquilidad*—.

—¿Cuáles son algunas de esas Palabras Clave?—.

—Mi apreciado agente, estas son algunas Palabras Clave que fortalecen el proceso para el vendedor, y algunas Palabras Débiles que erosionan el proceso de ventas—.

Palabras	CLAVE	Palabras	DÉBILES
Mejor	Resultado	Comprar	Pago
Fácil	Ventaja	Honesto	Legal
Gratis	Beneficio	Costo	Firmar
Nuevo	Ahora	Contrato	Difícil
Ahorro	Valor	Precio	Tratar
Confianza	Comprobar	Probar	Obligación
Orgullo	Inversión	Intentar	Vender
Bien	Tranquilidad	Quizá	Problema
Garantía	Control	Regla	Queja

—Willinauta, definitivamente las palabras nos dan la oportunidad o nos la quitan—.

—Agente 44, esa es una verdad del tamaño de nuestro universo. Y utilizar las mejores palabras, frases y preguntas es fundamental para desarrollar la Fórmula T—.

—**¿Cómo se desarrolla la Fórmula T?**—.

—La Fórmula T es una ecuación de expresiones algebraicas en "palabras" con la finalidad de identificar, no adivinar, las diferentes propiedades que posea la objecion, y que permite desarrollar la respuesta apropiada—.

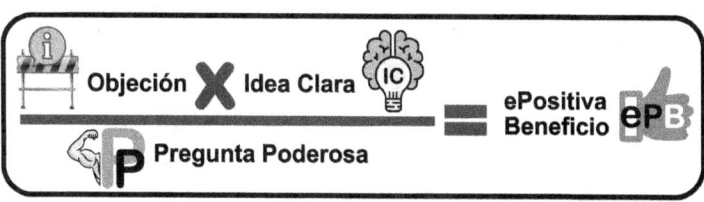

Paso 1. La Objeción se multiplica por las posibilidades existentes de una Idea Clara, el metamensaje, aquello que quiso decir el prospecto.

Paso 2. Para despejar posibilidades y procurar descifrar cuál es la **Idea Clara,** las dividimos haciendo **Preguntas Poderosas** para obtener como resultado para esa objeción el desarrollo de la experiencia positiva y/o beneficio.

Paso 3. Decidir cuál será la **Experiencia Positiva y/o Beneficio** que se le contará al prospecto, como resultado de la información obtenida al despejar la Idea Clara.

—¿Cómo sería, con un ejemplo, obtener la Idea Clara?—.

—Revisemos el siguiente ejemplo con un prospecto, el Sr. Aldrin:

Objeción: No me interesa.

Las posibilidades de la **Idea Clara** pueden ser, entre otras, que:

- El vendedor en su presentación no despertó el interés del prospecto.
- Desinformación existente en el prospecto reduce su interés.
- Experiencias negativas de otros bloquearon cualquier interés.

Una vez que multiplicamos las posibles ideas detrás de la objeción, debemos continuar el proceso para descifrar cuál es la idea clara central, y es aquí donde hacemos preguntas poderosas:

PP: Sr. Aldrin, ¿exactamente qué es lo que no le interesa?

PP: Sr. Aldrin, ¿a qué se refiere?

PP: Sr. Aldrin, ¿desde hace cuánto tiempo está desintersado y por qué?

Estas **Preguntas Poderosas** (PP) pueden lograr que el Sr. Aldrin dé a luz la idea clara de su objeción, y le den el **perfil de la Trayectoria** al vendedor para responder desde una *Experiencia Positiva y/o Beneficio*—.

—En la prospección cuando se presenta la objeción "No me interesa", **¿influyen las palabras de presentación?**—.

—¡Absolutamente sí! El vendedor debe tener en cuenta que un "No me interesa" tiene una alta posibilidad de ser el resultado de la **poca efectividad en sus palabras de presentación.** Palabras que sencillamente no despertaron el interés del Sr. Aldrin. De ahí la importancia de construir con anticipación uno o varios **Elevator Pitch** de presentación con palabras clave que despierten el interés del prospecto—.

CAPITULO 4

LA PRIMERA IMPRESIÓN Y QUIÉN HACE LAS PREGUNTAS

—Seguramente has escuchado que solo hay una primera oportunidad para una buena impresión. Por las dudas, es mejor dar como cierta esta afirmación, por lo que el vendedor debe preparar con anticipación las palabras que utilizará al momento de presentarse ante un prospecto durante la prospección. **Y en esta etapa del proceso de ventas el *Elevator Pitch* o discurso de presentacion es de vital importancia—**.

—¿Qué es el Elevator Pitch?—.

—Agente 44, el *Elevator Pitch* en un "discurso" breve de presentacion de un vendedor, que no debería ser mayor de 2 minutos. El tiempo ideal de duración estaría entre 45 segundos y un minuto. Esto obedece a que a mayor tiempo de presentación, menor será el tiempo de atención del prospecto—.

—¿Algún consejo para la prospección?—.

—Sí. El vendedor debe tener en cuenta que la prospección no es dar con la persona interesada, **prospectar es saber con precisión qué decir y qué hacer,** porque los prospectos reaccionan a la forma en que intentamos aproximarnos. La prospección está absolutamente dentro del control del vendedor, y no depende ni de la suerte ni del clima. Y es que las palabras nos dan la oportunidad o nos la quitan—.

—¿El *Elevator Pitch* debe cumplir algunos lineamientos?—.

—Sí. **El Elevator Pitch debe ser un "discurso" de presentación claro, conciso, breve, a la vez que ágil y rápido.** El objetivo es captar la atención y despertar el interés del prospecto, procurando persuadirle para continuar con preguntas y que se dé una conversación—.

—¿Cuál es la estructura de un *Elevator Pitch*?—.

—¡Oportuna pregunta! **El Elevator Pitch debe serguir una estructura y fases** que le permitan lograr el objetivo de **captar la atención y despertar el interés.** En el siguiente cuadro puedes ver los elementos de la estructura y fases que se deben seguir:

¡Romper el Hielo!	¡Hablar del Producto!	¡Generar La Cita!
Describe quién eres: *Tu nombre y a quién representas*	**Describe por qué eres único:** *En qué eres innovador. En qué te diferencias de la competencia.*	**Describe cuál es la promesa:** *El beneficio que obtiene el cliente por adquirir tu propuesta.*
Describe qué haces: *A quién está dirigido y qué problema resuelve.*	**Describe hacia dónde vas:** *Los objetivos claros de tu propuesta.*	**Describe que la promesa:** *Será cumplida a su entera satisfacción.*

—¡Interesante! Y, ¿cómo sería un ejemplo de Elevator Pitch siguiendo la estructura?—.

—Agente 44, el siguiente ejemplo puede ser útil para la creación de un **Elevator Pitch:**

Romper El Hielo:

¡Hola! Buenas tardes, ¿cómo está? Yo soy John Glenn, representante de Orden Solar Energy. Me encuentro en su comunidad haciendo un reporte de energía GRATIS a los dueños de casa

Hablar del Producto:

Mi trabajo es lograr que usted obtenga importantes beneficios y ahorro con la energía solar. Toda la información que necesitamos para su reporte y ver si califica al programa de ahorro está en su factura de electricidad

Generar La Cita:

En una breve presentación de unos 20 minutos, puedo darle toda la información sobre su reporte de energía y confirmar si usted califica ¡Un importante ahorro está en sus manos! ¡Fíjese! Para este jueves a partir de las 6:00 p.m. tengo disponibilidad exclusiva para usted

—¡Genial, Willinauta! En menos de un minuto, esta presentación cumple con toda la estructura y fases básicas de un elevator pitch—.

—Así es, Agente 44, claro, conciso, breve, ágil, rápido y con palabras clave que conectan: *gratis, importantes beneficios, ahorro, breve, información, disponibilidad exclusiva*—.

—Willinauta, **si el prospecto dice "no", ¿el vendedor debe ignorar el "no" y seguir insistiendo?**—.

—**NO significa NO.** Y no estoy diciendo que el vendedor no deba procurar llegar al fondo de una objeción, lo que estoy proponiendo es que el vendedor debe actuar de forma inteligente para **identificar rápidamente cuando un prospecto le hará perder el tiempo.**

Hay quienes se atreven a afirmar que un "No" significa "Nueva Oportunidad". Erróneamente creen que insistir los lleva por buen camino, cuando en realidad solo terminan perdiendo el tiempo—.

—¿Qué pasa cuando el vendedor insiste luego de un "No"?—.

—Cuando el vendedor insiste lo que consigue es que su presunto prospecto busque otras formas para decir "No". Este se tornará más conversador y todas sus respuestas terminaran en negación. "No" significa: por favor, no insistas; por favor; no me acoses; por favor, déjame seguir mi vida.

El vendedor debe reconocer a tiempo un "No" para no fastidiar a nadie, y no perder el tiempo insistiendo en un "No". Así evita desperdiciar tiempo que puede serle potencialmente útil para encontrar buenos prospectos.

—Willinauta, **¿quién hace primero las preguntas, el prospecto o el vendedor?**—.

—¡El vendedor! ¡El vendedor! ¡El vendedor! ¡El vendedor!—.

—¿Por qué el vendedor?—.

—**Porque el que pregunta tiene el control.** En tanto que quien responde es controlado por quien formula las preguntas. Cuando haces una pregunta y prestas atención a la respuesta, estás controlando la dirección de la conversación. Siempre, siempre, siempre, siempre, es así como debe ser. A menos que quieras se controlado—.

—Y si el prospecto hace una pregunta, ¿cómo debe responder él vendedor?—.

—¿Que cómo debe responder el vendedor? Pues, de acuerdo con el contexto de la conversación tiene dos opciones recordando la mayéutica de Sócrates:

1. Debe recuperar el control cuanto antes con una afirmación que le abra camino a una pregunta:

   "*Interesante! Esa es una buena pregunta ¡Antes permítame preguntarle algo! ¿Qué le lleva a esa pregunta? ¡Exactamente! ¿Qué me quiere decir?*

2. Con la respuesta incluyendo al menos una pregunta para continuar el proceso de indagación: *Como le he venido demostrando, la energía solar es inagotable, sí funciona, sí ahorra, no contamina y es gratis. ¿De qué tendría que estar convencido para pasarse a energía solar?*

Es solo manteniendo el control de la conversación con preguntas que el vendedor podrá ir haciéndole el camino de luz al prospecto pasándolo de la afirmación a la reflexión—.

—¿Cómo serían las preguntas que debe realizar un vendedor para mantener el control?—.

—Agente 44, **eso lo determinará la objeción y el ritmo de la conversación.** Sin embargo, es muy importante que el vendedor desarrolle, escriba y practique con anticipación una lista de preguntas que podrían serle útil frente al prospecto para no perder el control. También es importante que el vendedor identifique cuál pregunta es pertinente utilizar según se vaya dando la conversación, y cuál o cuáles le dan mejores resultados—.

—¿Cuáles serían algunas de las preguntas que podría realizar un vendedor?—.

—Esta lista con unos ejemplos de preguntas puede ser muy útil para un Consultor Solar:

1. ¿Cómo puedo ayudarle a comprender mejor su cambio a solar?

2. ¿Qué considera usted que es lo que necesita para dar el paso a la energía solar en su hogar?

3. ¿Qué haría usted para evitar los constantes aumentos de electricidad?

4. ¿Cómo consideraría otra opción para acceder la energía eléctrica?

5. ¿Cuánto dinero está dejando de disfrutar por entregárselo a la compañía eléctrica?

6. ¿Cuáles cree usted que son las causas del aumento en la electricidad?

7. ¿Hasta qué punto cree que puede aguantar el sostenido aumento de la electricidad?

8. ¿Qué acciones consideraría realizar para bajar el gasto en electricidad?

9. ¿Qué es más importante para usted, pagar a otro por electricidad o ser el propio dueño de la electricidad que se consume en casa?

10. ¿Qué acciones considera que puede realizar para aprovechar todos los beneficios de la energía solar?

11. ¿Qué opinión tiene sobre el tiempo que ha dejado pasar en producir su propia electricidad y ahorrar dinero?

12. Exactamente, ¿a qué se refiere con su inquietud?

13. Exactamente, ¿qué es lo que no le interesa de la energía solar?

14. ¿Estaría bien si su recibo de electricidad fuera más económico?

15. ¿Por qué considera que estaría bien si pudiera pagar menos por electricidad?

16. ¿Qué haría usted si pudiera diseñar la ubicación de los paneles a su gusto?

17. Dígame, ¿por qué su pareja no quiere los paneles solares?

18. Y dígame, ¿por qué le inquieta que esa probabilidad de doble factura eléctrica le ocurra?

19. ¿Hasta qué punto se familiariza con su recibo de electricidad?

20. Si estuviera en sus manos, ¿qué haría usted para evitar que le afecten los aumentos en el pago de electricidad?

21. ¡Comprendo! El precio le llama la atención. Y dígame, ¿la energía solar es muy costosa en relación con qué?

22. ¿Qué haría usted si un minuto de su tiempo le trae beneficios económicos?

23. Exactamente, ¿qué es lo que quiere esperar?

24. ¿En qué orden estaría bien que sus cuotas mensuales en electricidad fueran más bajas?

25. ¿Qué de lo que le he dicho hasta ahora no le parece?

26. ¿De qué tendría que estar convencido para pasarse a energía solar?

27. ¿De qué forma considera que estaría bien si pudiera ayudar al medioambiente?

28. ¿Qué le gustaría hacer al respecto de eso que le inquieta?

29. ¿Cuáles serían sus dos consideraciones más grandes para cambiarse a energía solar?

30. ¿Qué considera que podría hacer para no sentirse engañado?

—Willinauta, **una vez que se tiene la idea clara, ¿qué viene?**—.

—Una vez que el vendedor ha tenido éxito en su presentación inicial con el *Elevator Pitch* y ha conectado con el prospecto, continua el proceso de venta realizando **preguntas poderosas y repreguntas para obtener la idea clara,** es decir, el metamensaje de la objeción. El paso siguiente es avanzar al resultado de la ecuación que propone la Fórmula T para **"desactivar la objeción",** exponiendo una Experiencia Positiva y/o Beneficio—.

—¿Cómo serían unos ejemplos de la Fórmula T?—.

—A continuación, Agente 44, vamos a observar 22 ejemplos de la *Fórmula T* aplicada a algunas de las objeciones más comunes presentes en la industria de la energía solar residencial—.

CAPITULO 5

LOS EJEMPLOS

El planeta Calidum está hecho de fuego. **Sin embargo, el vendedor que ha sido entrenado, que se ha formado, está hecho de titanio para ser indestructible frente al abrasador calor de las objeciones**, tal como actúa el escudo solar térmico de la sonda Parker frente al Sol.

- Si eres un vendedor experto en ventas en la industria de la energía solar, este segmento de ejemplos puede resultarte **un complemento útil para reprogramar lo que ya sabes** y para aprender mejor lo que aún no sabes.

- Si eres un vendedor nuevo en la industria solar y estás iniciando tu proceso de formación, **has llegado al espacio para comenzar a vivir del $ol** con herramientas para superar las objeciones.

- **Experto o novato, solo debes empoderar con tus experiencias y éxitos,** y tomando en cuenta las sugerencias de este libro, las mejores palabras, frases y preguntas, para la Pregunta Poderosa y el desarrollo de la Experiencia Positiva y/o Beneficio que se le contará al prospecto.

Cada imagen de los siguientes ejemplos son **un fotón con luz que simplifica la Fórmula T** aplicada al calor de las objeciones en el proceso de ventas de energía solar, para salir del planeta Calidum con el brillo y la energía necesaria para llegar al planeta Tierra con fortalezas y empoderados para superar las infaltables objeciones.

¡Vamos por más!

ELEVATOR PICTH

OBJECIÓN

EXPERIENCIA POSITIVA

¡Entiendo lo que siente!
Sr. Willinauta, ¡Sabe! como usted se **sintieron** algunos de nuestros clientes, por alguna razón no se encontraban atraídos en darse la oportunidad con la energía solar, luego nos escucharon los puntos de **valor** que teníamos por decirles, y fue cuando **vieron** que justo aquello que nos les interesaba de la energía solar, **resultó** ser la **mejor inversión** para **tranquilidad** de la familia. ¡Esa también puede ser su **mejor** experiencia!

Primera Frase de Impacto:
¡Entiendo lo que siente!
Información Confiable:
Clientes con dudas confirmaron que cambiarse a Solar es una buena experiencia.
Palabras Clave:
Siente - Sinteron - Valor - Vieron - Resultado
Mejor - Inversión - Tranquilidad

OBJECIÓN

EXPERIENCIA POSITIVA

¡Nos interesa el punto de vista de su esposa! Hemos pasado por esto antes Sr. Willinauta, sabemos lo que **sintieron** parejas al no contar con información confiable sobre energía solar. Sin embargo, les informamos todos los **beneficios** y **vieron** que si podían obtener **valor**. Sería interesante que ella pueda **escuchar** las grandes **ventajas** que de la energía solar tengo por decirle.

Primera Frase de Impacto:
¡Nos interesa el punto de vista de su esposa!
Información Confiable:
Les informamos todos los beneficios y vieron el valor que podían obtener.
Palabras Clave:
Sintieron - Confiable - Beneficios - Vieron Valor - Escuchar - Ventajas

OBJECIÓN

BENEFICIO

¡Entendemos el valor del tiempo!
Por eso Sr. Willinauta, nuestro propósito es **ahorrarle** no solo tiempo sino también dinero con la energía solar. **Ahora** mismo no le haré una presentación, para eso si necesitamos un poco más de tiempo para mostrarle todos los **beneficios** que obtendrá como **resultado** de nuestra propuesta... ¡Este jueves a las 4pm tengo disponibilidad para usted!

Primera Frase de Impacto:
¡Entendemos el valor del tiempo!
Información Confiable:
Para una presentación de beneficios necesitamos más tiempo.
Palabras Clave:
Valor - Ahorro - Ahora – Beneficios
Resultado - Disponible

OBJECIÓN

BENEFICIO

¡Es exactamente lo que hacemos!
Sra. Luna, nosotros contamos con un software
que permite recrear de forma **fácil** la **mejor**
ubicación de los paneles en el techo con la
posición del sol. Como **resultado** podrá **ver** su
sistema y seleccionar los paneles de mayor
producción en la forma que más le agrade.
¡Imagine toda esta realidad!

Primera Frase de Impacto:
¡Es exactamente lo que hacemos!
Información Confiable:
Software para visualizar el sistema.
Palabras Clave:
Fácil - Mejor – Resultado – Ver - Imagine

OBJECIÓN

EXPERIENCIA POSITIVA

¡Es exactamente lo que logramos!
Hacer que el sistema funcione de forma autónoma sin necesidad de baterías. Sr. Willinauta, eso se lo **garantizo**. ¡Sabe! la batería es una alternativa ante una falla eléctrica y también para devolver energía a la utilidad. Sin embargo, es usted quien decide si le agrega baterías al sistema. Esa misma inquietud la **sintieron** algunos de nuestros clientes, luego **vieron** que la batería es solo opcional.

Primera Frase de Impacto:
¡Es exactamente lo que logramos!
Información Confiable:
La batería es una alternativa. Sin embargo, no hace falta para el funcionamiento del sistema
Palabras Clave:
Garantizo - Sintieron - Vieron

OBJECIÓN

BENEFICIO

¡Es exactamente lo que evitamos!
Sr. Willinauta, durante el proceso de aplicación nos **aseguramos** de que no le afecte su historial ¡Puede tener la **confianza**! Es solo posterior a la instalación que si se **verá** reflejado en su historial. Tenga la **tranquilidad** que así será, no antes. ¡Recuerde! No pase por alto que le está agregando **valor** a su propiedad.

Primera Frase de Impacto:
¡Es exactamente lo que evitamos!
Información Confiable:
Nos aseguramos de que no le afecte.
Palabras Clave:
Aseguramos - Confianza – Verá –
Tranquilidad - Valor

OBJECIÓN

BENEFICIO

> **¡Comprendo su opinión!**
> ¿Sabe? Sr. Willinauta, Somos más que eso,
> ¡Somos **Confiables**! porque brindamos a nuestros
> clientes la **mejor** relación entre precio y
> propuesta de **valor**. Y nos **aseguramos** porque el
> **ahorro** para nuestros clientes salte a la **vista**. La
> energía solar es ¡**Gratis**! Usted solo paga un precio
> congelado en el tiempo por su sistema para
> producir electricidad..

Primera Frase de Impacto:
¡Comprendo su opinión!
Información Confiable:
Mejor relación precio valor y ahorro.
Palabras Clave:
Confiables - Mejor - Valor - Aseguramos
- Ahorro - Vista - Gratis

OBJECIÓN

BENEFICIO

¡Entiendo que no comprenda de kilowatts!
Y no tiene por qué saberlo Sra. Luz
Precisamente lo que hacemos es aclarar el
consumo para que pueda tener **confianza** en
tomar la **mejor** decisión con nosotros. Toda la
información que necesitamos sobre el consumo en
kilowatts se encuentra dentro de su factura de
eléctricidad. Permítame explicarle para su
tranquilidad.

Primera Frase de Impacto:
¡Entiendo que no comprenda de kilowatts!
Información Confiable:
Aclaramos el consumo para la mejor decisión.
Palabras Clave:
Comprendo - Aclarar - Confianza -Mejor
Tranquilidad

OBJECIÓN

BENEFICIO

¡Que bueno que lo menciona!
Sr. Willinauta, es muy usual **escuchar** que eso pueda ocurrir, sin embargo, su casa toma valor con la energía solar. Por lo que será más atractiva venderla con una cuota fija de electricidad. De hecho, si decide vender su casa tiene al menos tres alternativas:
1. Incluir el **valor** del sistema al de su casa para pagar el total del financiamiento. 2. Transferir el crédito al **nuevo** propietario en un proceso sencillo. 3. Trasladar el sistema a su nueva propiedad.
Usted tiene el control total en esa negociación.

Primera Frase de Impacto:
¡Que bueno que lo menciona!
Información Confiable:
Tiene tres alternativas al vender su casa
Palabras Clave:
Escuchar - Valor - Nuevo - Control

OBJECIÓN

BENEFICIO

¡Comprendo su inquietud!
Ciertamente la tecnología suele cambiar Sr. Willinauta. Sin embargo, en la industria solar la tecnología básica del panel para producir electricidad es la misma desde hace más de 50 años. Los cambios han sido en la **evolución** de la eficiencia del panel solar. La energía solar por sí misma, no pasa a ser obsoleta, en 10 años el sistema de energía solar seguirá haciendo su tarea que es **producir** electricidad, ese es su principal **beneficio**. Y eso no cambiará. ¡Se lo garantizo!

Primera Frase de Impacto:
¡Comprendo su inquietud!
Información Confiable:
La tecnología es la misma y seguirá produciendo electricidad.
Palabras Clave:
Evolucion – Producir - Beneficio - Garantia

OBJECIÓN

BENEFICIO

¡Es exactamente lo que evitamos!
Para su **bienestar** Sr. Willinauta, cuando usted se cambie a la energía solar, el **resultado** es que reemplazará una factura de electricidad por otra ¡Claro! Con la **ventaja** de que **ahora** el pago será menor. Y sus taxes no se incrementarán. De hecho, todo banco o el buró de crédito ve ese cambio como una sustitución de factura y solo eso. ¡Se lo **garantizo**!

Primera Frase de Impacto:
¡Es exactamente lo que evitamos!
Información Confiable:
Para su bienestar reemplaza una factura de electricidad por otra sin incremento de taxes.
Palabras Clave:
Bienestar - Resultado -Ventaja - Ahora Garantizo

OBJECIÓN

BENEFICIO

¡Que oportuno comentario!
Sra. Sol, para su **tranquilidad** el panel pasa a ser parte de la estructura del techo y del seguro de su casa. Luego de una inspección, y con una mínima **inversión** se agrega el sistema al seguro, dándole aún más **valor y garantía**.
También, cada panel pesa alrededor de 22 kg, lo que proporciona una **ventaja** adicional para **proteger** el techo y su casa ante un huracán.

Primera Frase de Impacto:
¡Que oportuno comentario!
Información Confiable:
Para su tranquilidad el seguro de la casa si le cubrirá los paneles ante un huracan.
Palabras Clave:
Tranquilidad - Inversión - Valor - Garantia
Ventaja - Proteger

OBJECIÓN

EXPERIENCIA POSITIVA

¡Comprendo ese comentario!
Es posible que algunas personas digan cosas como esas, algunos de nuestros clientes **sintieron** esa misma inquietud, sin embargo, nos **escucharon**, y así fue como **vieron** que la energía solar es un derecho federal que las aseguradoras no pueden pasar por alto. Sr. Willinauta, de hecho, participar al seguro sobre la instalación de paneles es un paso muy **fácil** y de bajísimo costo.
¡Tenga la **tranquilidad** de lo **fácil** que será!

Primera Frase de Impacto:
¡Comprendo ese comentario!
Información Confiable:
La energía solar es un derecho. Asegurar el sistema no será un obstáculo.
Palabras Clave:
Sintieron - Escucharon – Vieron – Fácil
Tranquilidad

OBJECIÓN

EXPERIENCIA POSITIVA

¡Es una comprensible inquietud!
Sr. Willinauta, así se **sintieron** algunos de nuestros clientes. ¡Sabe! Ninguna compañía puede **garantizarle** permanencia eterna. Por ejemplo ¿Quién nos asegura que Tesla exista mañana? De ahí la importancia de dar el paso a solar con una empresa seria, **sólida**, de **trayectoria** como la nuestra. Porque somos más que promesas, somos **responsables**. ¡Somos su mejor **garantía**!

Primera Frase de Impacto:
¡Es una comprensible inquietud!
Información Confiable:
Ninguna compañía puede garantizarle eso.
Palabras Clave:
Sintieron - Beneficio – Sólida - Trayectoria
Responsables - Garantía

OBJECIÓN

BENEFICIO

¡Es precisamente lo que evitamos!
Sra. Sol, nosotros contamos con personal calificado que realiza estudios de carga y consumo con precisión **comprobada** para que el sistema le cubra con toda **confianza** más del 100% de su consumo habitual. Como **resultado** usted tiene el **control** de lo que paga y se **protege** de adecuaciones futuras que realice en su casa.

Primera Frase de Impacto:
¡Es precisamente lo que evitamos!
Información Confiable:
Personal calificado con análisis preciso.
Palabras Clave:
Comprobada - Confianza – Resultado – Control - Protege

OBJECIÓN

BENEFICIO

> ### ¡Entiendo su posición!
> Sra. Luna, **¡Verá!** Si usted califica para declarar, tiene derecho a un crédito a favor en impuestos como incentivo por parte del gobierno por cambiarse a solar y contribuir con el medio ambiente. Es una ley que hace suyo ese **beneficio**. Y que al momento de declarar impuestos podrá utilizarlo. De hecho, el dinero que **ahorre** en impuestos lo puede pagar al financiamiento o invertirlo. Tenemos clientes que a través de su contable han aprovechado muy **bien** esta **oportunidad** de **ahorrar** con los impuestos.

> **Primera Frase de Impacto:**
> ¡Entiendo su posición!
> **Información Confiable:**
> Es una ley que hace suyo ese beneficio
> **Palabras Clave:**
> Verá - Incentivo - Beneficio – Ahorro - Invertir bien - Oportunidad

OBJECIÓN

EXPERIENCIA POSITIVA

¡Es exactamente lo que evitamos!
Sr. Willinauta, sabemos cómo se han **sentido** clientes que no **ven** cumplir sus **garantías**. Nosotros nos **aseguramos** porque su sistema quede bien instalado y con los **mejores** componentes, además le entregamos por escrito nuestro **compromiso** de **garantías**. Y de presentarse una falla o reemplazo de piezas, tenga **tranquilidad**
¡Nosotros nos hacemos cargo!

Primera Frase de Impacto:
¡Es exactamente lo que evitamos!
Información Confiable:
Recibe por escrito el compromiso de garantías.
Palabras Clave:
Sentido - Ven – Garantias – Aseguramos – Compromiso - Tranquilidad

OBJECIÓN

BENEFICIO

¡Está comprobado, son dos escenarios viables!
Ciertamente hay **magia**, hay **ventajas** en las dos opciones, y como **resultado** el **mejor** truco es pagar menos por electricidad. Si compra, usted es dueño de su propia electricidad y accede a grandes **beneficios**. Si renta el sistema, los **beneficios** adicionales cambian porque no es el dueño.
Ambos escenarios tienen el mismo objetivo, pagar menos por electricidad. Sin embargo, es usted quien decide que beneficios desea obtener.
Permítame explicarme un poco más…

Primera Frase de Impacto:
¡Está comprobado, son dos escenarios viables!
Información Confiable:
¡Si hay magia! ambos escenarios tienen el mismo objetivo: pagar menos por electricidad. Ahí el truco.
Palabras Clave:
Magia - Ventajas – Resultado – Mejor - Beneficios

OBJECIÓN

BENEFICIO

¡Comprendo totalmente su inquietud!
Sra. Willinauta, ¿Sabe? es justo ahí donde
comprobamos que la energía solar es una **inversión**.
Tenga en cuenta que debe seguir pagando por
electricidad, la **ventaja** está en que sustituirá una
factura por otra con el gran **beneficio** de **congelar** el
pago en el tiempo. Es como comprar gasolina al mismo
precio por los próximos 25 años
*¡Todo un **ahorro**! ¡Toda una **inversión**!*

Primera Frase de Impacto:
¡Comprendo totalmente su inquietud!
Información Confiable:
Sustituir factura y congelar pagos, para ahorrar.
Palabras Clave:
Comprobamos - Inversión - Ventaja - Beneficio
Congelar - Ahorro

OBJECIÓN

BENEFICIO

¡Entiendo que eso le inquiete!
Sra.Luz, hemos **escuchado** eso antes. Es muy importante informarle que la **garantía** es por el sistema y no por su **natural** degradación. En 25 / 30 años el sistema seguirá funcionando aproximadamente con un 10% menos de eficiencia. Por lo que reemplazar unos pocos paneles será suficiente para volver a 100% ¡No tiene que cambiar todo el sistema! *¡Se lo **garantizo**!*

Primera Frase de Impacto:
¡Entiendo que eso le inquiete!
Información Confiable:
La garantía es por el sistema y no por su natural degradación.
Palabras Clave:
Esuchado - Garantia – Natural - Funcionando

OBJECIÓN

EXPERIENCIA POSITIVA

¡Comprendo su interesante inquietud!
Eso les ha pasado a clientes de otras empresas, muchas veces es porque no les hicieron un correcto estudio de carga y consumo. Sabemos cómo se **sienten**, hemos **oído** de esos casos. Sr. Willinauta, para su **tranquilidad** nosotros le podemos **comprobar** que no será su caso, además puede **ver** nuestros clientes **orgullosos** de su sistema en las RRSS, en los reviews.

Primera Frase de Impacto:
¡Comprendo su interesante inquietud!
Información Confiable:
Le podemos comprobar que no será su caso.
Palabras Clave:
Sienten - Oído - Tranquilidad - Comprobar
Ver - Orgullosos

OBJECIÓN

EXPERIENCIA POSITIVA

¡Comprendo que quiera pensarlo!
Sr. Willinauta, antes, permítame un minuto, como le he comentado, ya sabe exactamente lo que hacemos mejor y lo que evitamos ¿Verdad? Y lo más importante, que somos _____ en _____ y lo puede **comprobar**. **Ahora** ya sabe todos los grandes **beneficios** acerca de la energía solar que solo nosotros podemos darle **mejor** ¿No es así?. Según lo que hemos conversado, y **escuchándole** con atención, esta es una muy buena opción para usted. ¡Como ve! ¡el momento es ahora! ¿Si o no? ¡Se lo **garantizo**!...

Primera Frase de Impacto:
¡Comprendo que quiera pensarlo!
Información Confiable:
Ya sabe todos los beneficios, el momento es ahora.
Palabras Clave:
Mejor - Comprobar – Ahora – Beneficios – Garantizo
Escuchándole - Ver

CAPITULO 6

ANTES DE TERMINAR EL VIAJE

Cumplir La Promesa

Antes de terminar este viaje, iremos hacia el planeta Promissum, otro de los 8 planetas en el sistema solar de Altair en la Galaxia Heros. En este planeta es donde aprendes, desaprendes y reaprendes sobre Promesas. Sus habitantes se dividen entre los que están dispuestos cuantas veces sea necesario a aprender, desaprender y reaprender como forma de *cumplir la promesa*, y los que no están dispuestos a pasar por la curva del aprendizaje, como forma de experimentar nuevos patrones y recodificar experiencias.

Estos últimos suelen mostrarse decepcionados por no cumplir promesas, aunque muchas veces es solo una fachada para justificar su falta de compromiso para aprender, desaprender y reaprender.

El planeta Promissum se parece mucho al planeta Mercurio del Sistema Solar de la Galaxia la Vía Láctea. Mercurio es el planeta más cercano a su estrella solar y también el más pequeño. Mercurio es de lenta rotación, por eso su lado que mira al Sol puede llegar a una temperatura de 430 °C, mientras que, en su lado oscuro, la temperatura baja a -180 °C.

Promissum, pequeño y cercano a la estrella Altair, rota lento con la finalidad de brindar más de una oportunidad para *cumplir la promesa*. Por eso su lado que mira a la estrella Altair sobrepasa los 400 °C, mientras que, en su lado oscuro, el que no ve a Altair, la temperatura alcanza los -200 °C. Dos realidades muy diferentes que conviven en un mismo planeta.

En Promissum, al lado caliente del planeta van las promesas que sí se cumplen, y que al calor de los hechos por cumplir lo que se promete y estar dispuestos a pasar por la curva del aprendizaje se llena de energía positiva y multiplica los resultados esperados; en cambio, en el lado oscuro, ese lado frío, es donde van a parar las promesas incumplidas, allí se congelan y se agrietan erosionando la reputación, la credibilidad y la confianza.

Con el Telescopio Espacial Hubble de la NASA se puede observar el planeta Promissum. Desde arriba se puede ver el paisaje del éxito en el lado caliente por *cumplir la promesa*, y también se puede ver en el lado oscuro el paisaje de la decepción por incumplir promesas.

—Willinauta, un vendedor que miente, que hace promesas y no se cumplen, ¿está en el lado oscuro del planeta?—.

—Sin duda alguna, Agente 44, y es que prometer y no cumplir es equivalente a mentir. Es ponerse en ese lado oscuro donde se pierde la confianza, la credibilidad y la reputación. Omitir verdades también es otra forma de mentir—.

—Me temo que un vendedor que se pasa al lado oscuro hace de la mentira y las falsas promesas un negocio; acción que daña su propia reputación, destruye la empresa para la que trabaja y afecta la industria—.

—Exactamente, Agente44. Ahora te voy a contar una breve historia para reflexionar, en la cual seré yo quien haga las preguntas al final—.

—Te escucho, Willinauta—.

¡Historia del Salón de Relojes en el Sol!

Un Consultor Solar murió y ascendió al Sol. Al llegar a la fotosfera se encontró con Apolo, el Dios del Sol.

Apolo lo recibe y le da la bienvenida, y le dice que le dará un recorrido por las instalaciones del Sol, que no sienta miedo, que aquel caluroso y luminoso lugar será, sin duda, confortable y de su total agrado.

Al cruzar la fotosfera y entrar al núcleo del Sol, el Consultor Solar notó en uno de sus salones muchos relojes de distintos tamaños y épocas por todas partes: había relojes de pared, relojes de pulsera, relojes de bolsillo, relojes, relojes y más relojes. El Sol, en ese salón, no era nada más que un gran almacén de relojes.

Sorprendido por esa apariencia en el núcleo del Sol, el Consultor Solar le preguntó a Apolo:

—¿Por qué hay tantos relojes aquí en el Sol? ¿De qué se trata todo esto en este gran salón?—.

Apolo contestó:

—Los relojes que ves en este salón son para mantener el ritmo de los acontecimientos en el planeta Tierra. Por eso hay un reloj por cada persona y por cada empresa. Cada vez que una persona o una empresa promete cosas que no cumplirá, omite verdades o miente, su reloj se mueve un minuto.

Por ejemplo, este reloj dorado es para Armando Trampas, Consultor Solar de la empresa *Caos Solar Energy*. Obsérvalo detenidamente y verás que se moverá—.

En ese momento el reloj de Armando comenzó a moverse minuto tras minuto.

—Armando debe estar haciendo un cierre con un cliente en este momento— dijo Apolo—. Su minutero se mueve siempre que hace un cierre. Armando Trampas le suma ganancias a su devenido fracaso con mucha rapidez.

El Consultor Solar y Apolo continuaron haciendo el recorrido. Al dar vuelta, se encontraron con un reloj que tenía algo de polvo por fuera y telarañas en el interior de las manecillas.

—¿De quién es ese reloj?— preguntó el Consultor Solar.

—Ese reloj le pertenece a Zoila Confiable, Consultora Solar de *Orden Solar Energy*. Ella comprendió que prometer y no cumplir, omitir verdades y mentir para lograr una venta es alegría para hoy con fracaso para mañana. Desde que Zoila Confiable hace las cosas "correctas correctamente", se cuida mucho por mantener una buena reputación y confianza; es así como se convirtió en una de las Consultoras Solares más exitosas que hay en el planeta Tierra, por eso su reloj no se ha movido en los últimos dos años. Y sus ventas, prestigio y referidos, se han multiplicado—.

Ambos continuaron caminando por el Sol; el Consultor Solar disfrutaba mirando todos los relojes en aquel gran salón, incluso los de sus amigos y compañeros de trabajo.

Una vez terminado el recorrido, el Consultor Solar dijo:

—Apolo, he visto todos los relojes, excepto el reloj de algunas empresas que prometen *"Leads Calificados"*. ¿Dónde está ese reloj?—.

Apolo sonrió, y le dijo:

—¡Mira hacia arriba! Usamos ese reloj como ventilador de techo.

—¡Guau! Qué gran historia para reflexionar sobre la importancia de hacer lo correcto en beneficio de una buena reputación, y así ubicarse siempre en el lado caliente del planeta Promissum, ahí donde está el paisaje del éxito por *cumplir la promesa*—.

—Tienes razón, Agente44, y para reflexionar mejor, responder estas peguntas puede ayudar:

¿Cómo ven los prospectos al Consultor Solar? Y los clientes, ¿cómo ven la credibilidad de su instalador de energía solar? ¿Hay honestidad? ¿Consideran al Consultor Solar como alguien que exagera los beneficios para hacer una venta? O ¿lo consideran como alguien en quién se puede confiar? ¿Cómo perciben los prospectos y clientes la publicidad de energía solar en redes sociales? ¿La valoran? ¿La cuestionan? Y, ¿el futuro de la energía solar está en manos del Cliente o del Consultor Solar?

¡Cumplir la promesa y no mentir construye relaciones, fortalece la confianza y multiplica ganancias!

—Cumplir la promesa… ¡vaya que es importante!—.

— Agente 44, es momento de poner fin a nuestro viaje, despeguemos de Promissum camino a tu hogar en el planeta Tierra. De ahí continuaré a bordo del cohete Dextiny Time hacia el planeta Contentum para reportar en la Agencia Espacial GOSPO en la ciudad de *Astropolis*, el éxito del Programa Espacial Docere con nuestra Misión Aporte para la *Industria*

Solar. Seguiremos en contacto para continuar viajando y aprendiendo por el universo con metáforas de astronomía, a través de historias que enseñan, motivan, inspiran, y que perduran en el tiempo...

- *¡Torre de control a Houston! ¡Torre de control a Houston!* el super cohete espacial Dextiny Time está listo para el despegue con destino al planeta Contentum.

- *¡Houston a torre de control!* despegue autorizado.

- *¡Copiado!*

- *¡Torre de control a Willinauta!* posición de despegue, iniciando conteo regresivo 9, 8, 7, 6, 5, 4, 3, 2, 1... ¡CERO!

- ¡44 nos encontramos en una próxima misión!

—¡Gracias WILLINAUTA ! ¡Buen viaje! nos encontramos pronto—.

"El mayor misterio del mundo es que resulta comprensible"

Albert Eistein

¡Debes Saberlo!

Final

Has terminado de leer el libro, has leído 31.873 palabras, más las ilustraciones de los ejemplos; palabras que incluyen 372 preguntas.

Por un mundo sin "peros"

En más de 31.873 palabras no leíste la palabra "pero". "Pero" introduce una proposición que se contradice o se contrapone entre la frase anterior y la que sigue, por lo general dando una connotación negativa.

En lugar del "pero" mejor es: Sin embargo, no obstante, aunque, y. Otra forma de "pero" es "A pesar de" mejor es: Por encima de.

¡Somos ingenuos al creer que nuestro lenguaje es inocente!

Por un mundo de preguntas para hallar respuestas

Has leído un total de 372 preguntas.

Es con preguntas que humanos como tú y yo han logrado hacer grandes descubrimientos. Lo que marca la diferencia es el *carácter* por llegar al fondo de las cosas, y la *determinación* por conseguir respuestas con un buen uso del *tiempo*.

¡Somos ingenuos al creer que es posible aprender sin hacerse preguntas!

SOBRE EL AUTOR

¿Quién es Willinauta?

Conferencista y Coach innovador que utiliza principios de neurocoaching, vinculando palabras, frases, y preguntas, con metáforas de astronomía para simplificar el proceso de aprendizaje y motivación, y así desarrollar competencias claves que nos permitan reprogramar lo que ya sabemos, y aprender mejor lo que no sabemos.

¿Quiénes son los vendedores que más venden?

¿Quiénes son los trabajadores más proactivos?

¿Quiénes son los lideres que mejor guían?

¿Quiénes son las personas que más aprenden?

¿Quiénes son las personas más contentas?

¿Quiénes son las personas con más ganas de vivir?

¿Las que tienen mayor o menor motivación?

¡Mayor Motivación!

Y todos estamos más motivados cuando **descubrimos nuestras habilidades** y las capacitamos con destrezas para obtener mejores ¡RESULTADOS!

Agradece por lo que estás haciendo, agradece por estar donde estas, y si no estas donde quieres estar, ni haciendo lo que quieres hacer, **agradece por tu futuro deseado.** Ese que *debes* construir con acciones que te motiven y te impulsen en la dirección de tus metas y propósitos.

Willinauta: *Motivum Coach* formado en Ciencias Gerenciales, MBA, Coaching, PNL, y Liderazgo Emocional, con más de 20 años de experiencia en la Gerencia de Empresas de Servicios y Ventas Masivas.

El Planeta Tierra es un fantástico lugar para la evolución. Dales vida a tus sueños; evoluciona, crea, innova, y desarrolla tus proyectos hasta lograr el éxito.

"Yo le muestro a las personas cómo salir a hacer lo que tienen que hacer con mayor motivación"

Comunícate conmigo para experimentar nuevas formas de aprender y recodificar experiencias con un taller de entrenamiento motivacional en tu área, con **historias que enseñan, motivan, inspiran, y que perduran en el tiempo.**

¡Ve por Más!

@willinauta - willinauta@gmail.com